高等院校草业科学专业“十三五”规划教材

草坪学实习指导

主编　解新明

参编　刘天增　江　院

中国林业出版社

内容简介

本指导书共分5章，分别介绍了南方草坪建植的常用禾草及草坪杂草的识别特征、分科及分种检索表；同时就草坪病害症状、草坪病害调查、草坪病害田间诊断和鉴定、病害标本的采集与制作；昆虫外部形态、昆虫生物学习性、昆虫标本的采集、昆虫针插标本的制作与保存、草坪主要昆虫的识别、草坪害虫田间调查、草坪虫害化学防治；草坪建植、草坪施肥、草坪灌溉、草坪修剪、草坪建植和养护机械及其操作、草坪质量评价、高尔夫球场及足球场草坪参观调查等内容的实操方法和流程进行了细致说明。

教材构思新颖独特，实用性强，非常适合南方草业科学专业本科生及研究生的实习使用。同时可供全国草业科学、园林、园艺、乃至农学及植物学等相关专业使用，还可为草坪、运动场与高尔夫球场管理、园林绿化、城市规划、物业管理等部门相关从业人员提供参考。

图书在版编目（CIP）数据

草坪学实习指导／解新明主编. —北京：中国林业出版社，2016.12
高等院校草业科学专业“十三五”规划教材
ISBN 978-7-5038-8864-9

Ⅰ.①草… Ⅱ.①解… Ⅲ.①草坪－观赏园艺－高等学校－教学参考资料 Ⅳ.①S688.4

中国版本图书馆CIP数据核字（2016）第317763号

国家林业局生态文明教材及林业高校教材建设项目

中国林业出版社·教育出版分社

策划、责任编辑： 肖基浒

电话： 83143555　　**传真：** 83143516

出版发行　中国林业出版社（100009　北京市西城区德内大街刘海胡同7号）
E-mail：jiaocaipublic@163.com　电话：（010）83143500
http：//lycb.forestry.gov.cn
经　　销　新华书店
印　　刷　北京市昌平百善印刷厂
版　　次　2016年12月第1版
印　　次　2016年12月第1次印刷
开　　本　850mm×1168mm　1/16
印　　张　9.25　插页　2
字　　数　225千字
定　　价　20.00元

前　言

草坪学是一门应用性极强的实践性科学，因此开展相应的实践教学，不仅可以巩固课堂教学的理论知识，更重要的是能让学生理论联系实际，巩固和验证理论知识，激发学生学习草坪学的兴趣，更好地培养学生的独立思考和科技创新能力。

草坪学的核心内容是草坪建植和草坪养护管理两大部分，特别是养护管理中的杂草防除与病虫害防治极为重要。杂草和病虫害是草坪的大敌，轻者使草坪退化，引起草坪“斑秃”，影响草坪景观，重者将整块草坪吞噬，成为杂草滩。如要对杂草及病虫害进行有效防除，首先应识别杂草、害虫及病害，特别是对于从事草坪学学习的本科生而言，识别杂草、害虫及常见病害是必备的基本功。本教材在编写过程中力求做到文字简明扼要，重点强调配图的作用，以方便学生使用，具体特点如下：

（1）生物种类，特别是植物具有强烈的地带性分布特点，针对学生实习过程中所接触到的草坪草种及杂草种类，给出实习地（南方地区）的杂草名录，并精心编制了分科及分种检索表，非常方便使用。

（2）对植物的分类及主要检索表都采用恩格勒（Engler）分类系统（厥类植物除外），并以此排列科的顺序，同科植物按照检索表先后顺序排列。

（3）图文对照，形象直观，文字简洁，图表详尽。每种植物及每科昆虫都配有整体图或局部特写图。示意图及场景图和机械图片不求艺术效果，但求清晰并能反映其相应特点。配图总计达 290 幅。

本指导书共分 5 章，第 1 章和第 2 章由解新明编写，第 3 章由刘天增编写，第 4 章和第 5 章由江院编写。本实践教材是“广东省本科高校教学质量与教学改革工程”项目的既定目标和主要任务，同时也得到了华南农业大学“创新强校—质量工程”项目的资助，在此表示衷心的感谢！在教材的撰写过程中，张巨明老师、陈曙老师和郑佳豪同学也给予了极大的帮助，在此一并致谢！

由于编者水平有限，错误之处在所难免，敬请读者提出宝贵意见并批评指正。

编　者

2016 年 8 月于华南农业大学

目　录

第1章

南方常见草坪禾草识别

南方地区常用草坪禾草有9种，分别为结缕草(*Zoysia japonica* Steud.；图1-1)、沟叶结缕草[*Zoysia matrella*（L.）Merr.；图1-2]、细叶结缕草(*Zoysia tenuifolia* Willd. ex Trin.；图1-3)、狗牙根[*Cynodon dactylon*（Linn.）Pers.；图1-4]、匍匐翦股颖(*Agrostis stolonifera* L.；图1-5)、地毯草[*Axonopus compressus*（Sw.）Beauv.；图1-6]、海雀稗(*Paspalum vaginatum* Sw.；图1-7)、钝叶草(*Stenotaphrum helferi* Munro ex Hook. f.；图1-8)和假俭草[*Eremochloa ophiuroides*（Munro）Hack.；图1-9]。其分种检索表如下：

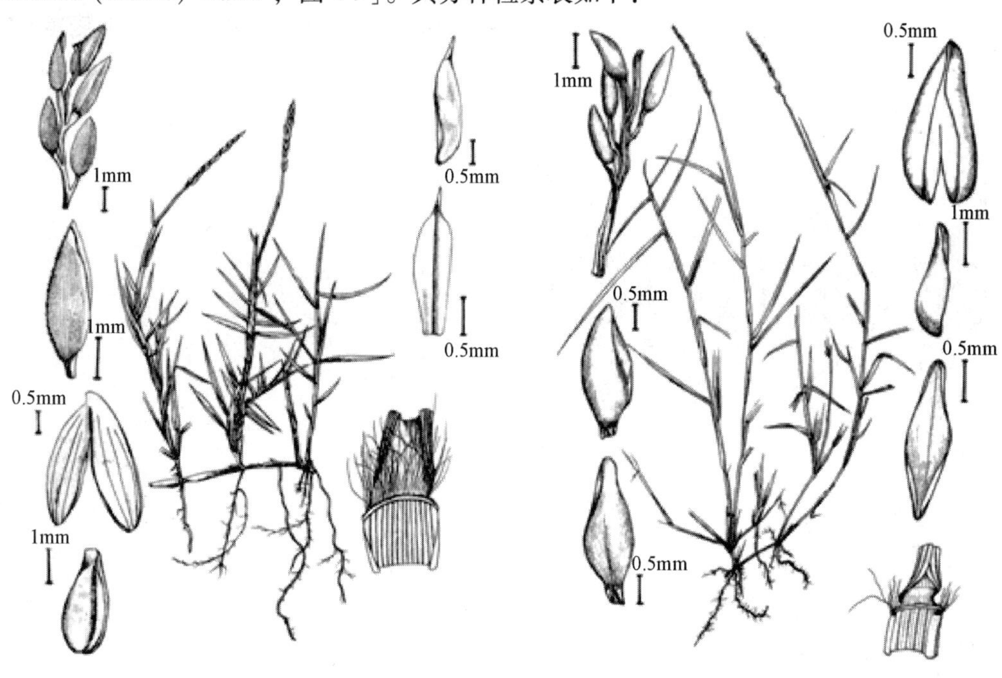

图1-1　结缕草　　　　**图1-2　沟叶结缕草**

1. 小穗含1朵小花，脱节于颖之上；小穗轴延伸于顶生小花之外。
   2. 穗形总状花序；第一颖完全退化或稍留痕迹，第二颖成熟后革质。
      3. 小穗卵形，长是宽的2~2.5倍；小穗柄弯曲，通常长于小穗；叶片扁平，宽5mm …………………………………………………………………… 结缕草 *Zoysia japonica*(图1-1)
      3. 小穗披针形到长圆形，长是宽的3~4倍；小穗柄劲直，通常短于小穗。
         4. 叶片宽约1.5~2.5mm(压扁时)；花序长2~4cm …………………………………………………………………… 沟叶结缕草 *Zoysia matrella*(图1-2)

4. 叶片宽约1mm；花序长至1.5cm …………………… 细叶结缕草 *Zoysia tenuifolia*(图1-3)

2. 综合性状非上所述。

5. 穗状花序3至数枚呈指状簇生于秆顶；外稃草质；内外稃近等长；叶片宽1~3mm …… …………………………………………………………………… 狗牙根 *Cynodon dactylon*(图1-4)

5. 圆锥花序紧缩；外稃膜质；内稃为外稃之半；叶片宽2~3mm …………………………… ………………………………………………………………… 匍匐翦股颖 *Agrostis stolonifera*(图1-5)

1. 小穗含2朵小花，脱节于颖之下；第一小花不结实，第二小花可育；小穗轴不延伸。

6. 总状花序单生秆顶；孪生小穗因有柄者退化而成单生；第一颖顶端两侧具宽翅，脊具不明显短刺 ………………………………………………………… 假俭草 *Eremochloa ophiuroides*(图1-9)

6. 综合性状非上所述。

7. 小型穗状花序分枝嵌生于扁平的主穗轴凹穴中，成熟时连同穗轴一起脱落 ……………… ……………………………………………………………………… 钝叶草 *Stenotaphrum helferi*(图1-8)

7. 小穗排列于穗轴一侧，在秆顶双生或多枚簇生。

8. 第二外稃的背面在远轴一方；小穗长2~2.5mm；第二颖具中脉；叶鞘压扁，具脊，基部相互跨覆；叶宽6~12mm ……………………… 地毯草 *Axonopus compressus*(图1-6)

8. 第二外稃的背面在近轴一方；小穗长3~3.5mm；第二颖不具中脉；叶鞘非压扁，不具脊；叶片宽2~5mm ……………………………… 海雀稗 *Paspalum vaginatum*(图1-7)

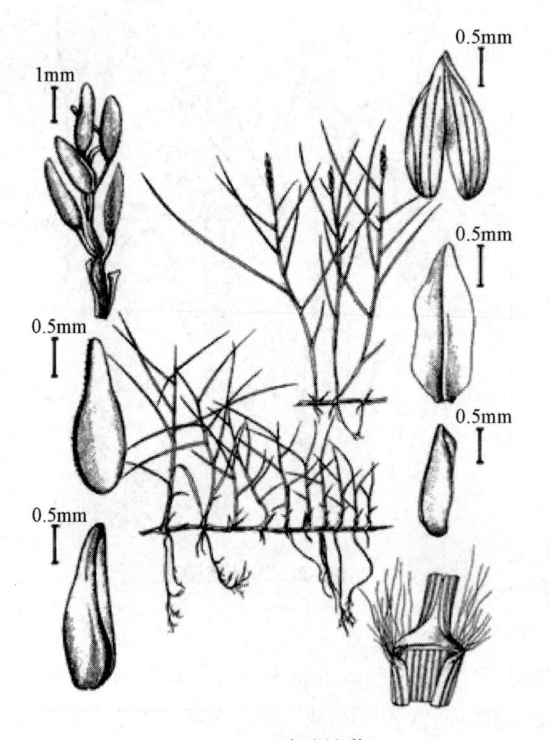

图1-3 细叶结缕草

图1-4 狗牙根

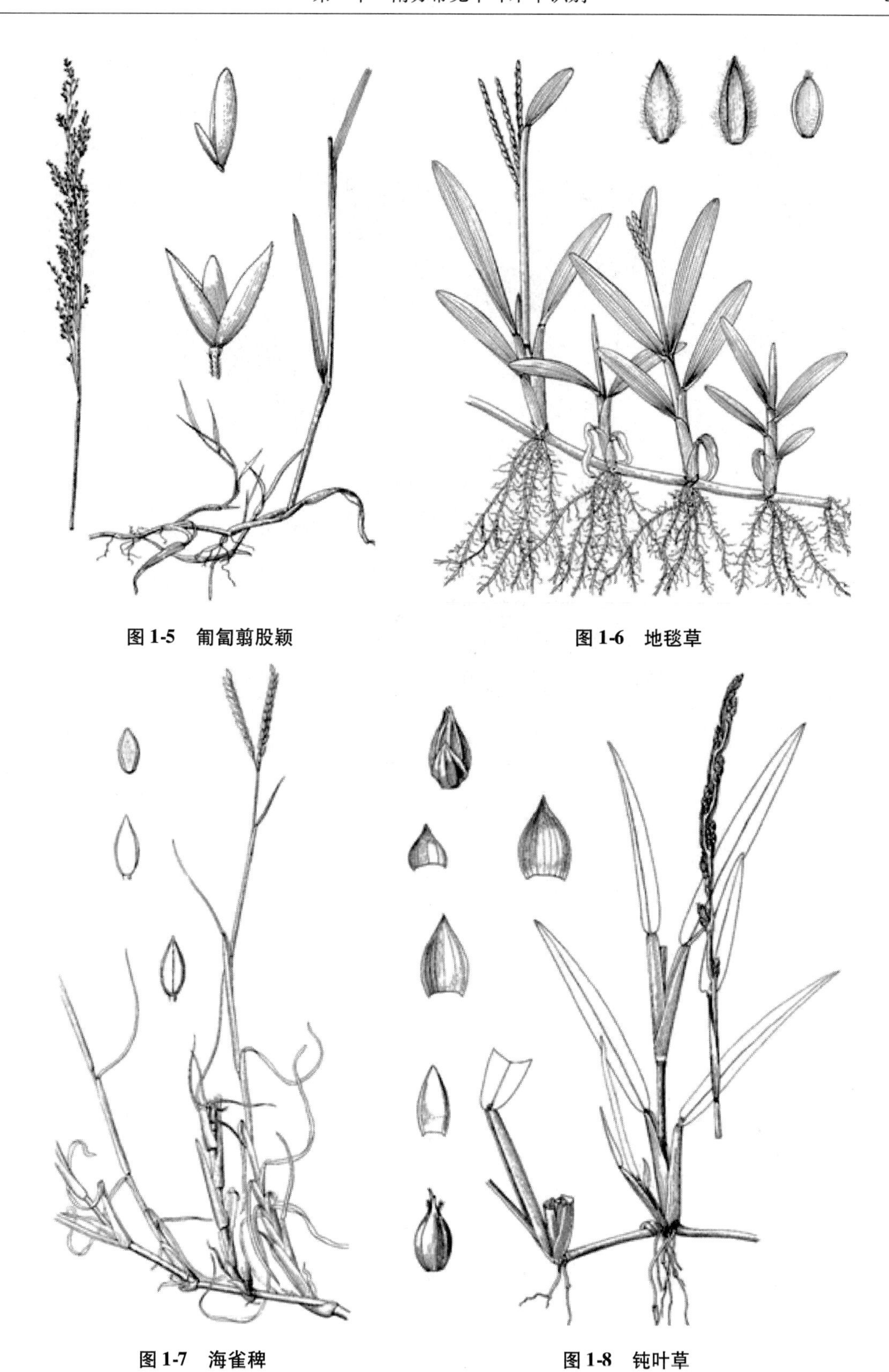

图1-5　匍匐剪股颖

图1-6　地毯草

图1-7　海雀稗

图1-8　钝叶草

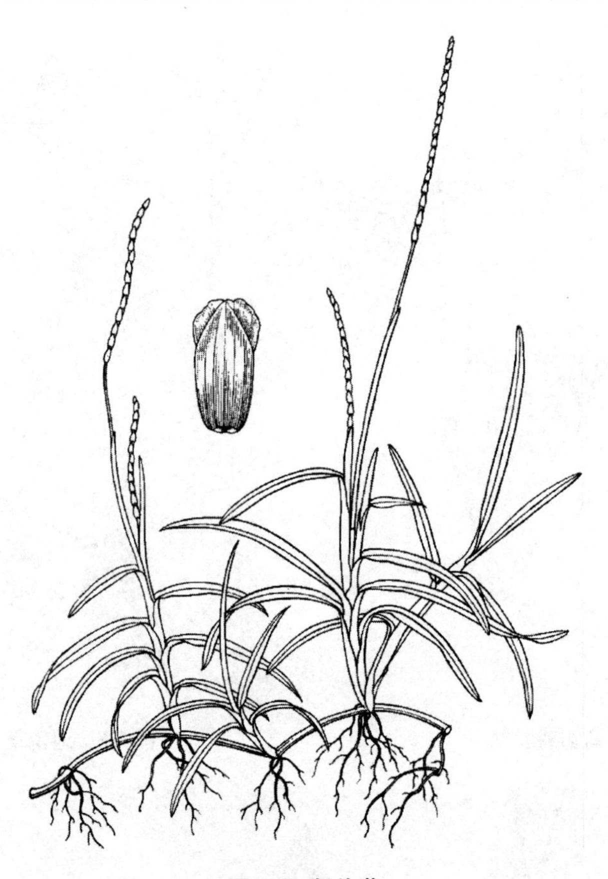

图 1-9 假俭草

第2章

南方草坪杂草识别

2.1 南方草坪杂草名录

本教材共收录南方草坪杂草162种，其中蕨类植物8种，被子植物154种，分别隶属于45科，126属。表2-1中的植物名录，是根据恩格勒系统对科(蕨类植物除外)进行排序的，科下属种根据检索表出现的顺序进行排列。

表2-1 南方草坪杂草名录

科　名	杂草拉丁名	杂草中文名	出现频度	图号
1. 箭蕨科 Ophioglossaceae	*Ophioglossum pedunculosum*	尖头瓶尔小草	+ + +	2 - 1
2. 海金沙科 Lygodiaceae	*Lygodium microphyllum*	小叶海金沙	+ +	2 - 2
	Lygodium japonicum	海金沙	+ +	2 - 3
3. 里白科 Gleicheniaceae	*Dicranopteris pedata*	芒萁	+	2 - 4
4. 金星蕨科 Thelypteridaceae	*Cyclosorus parasiticus*	华南毛蕨	+ + +	2 - 5
5. 水龙骨科 Polypodiaceae	*Phymatosorus scolopendria*	瘤蕨	+	2 - 6
6. 凤尾蕨科 Pteridaceae	*Pteriscretica* var. *nervosa*	凤尾蕨	+ +	2 - 7
7. 石松科 Lycopodiaceae	*Palhinhae cernua*	铺地蜈蚣	+ + +	2 - 8
8. 荨麻科 Urticaceae	*Pouzolzia zeylanica*	雾水葛	+ + +	2 - 9
	Pilea microphylla	透明草	+ +	2 - 10
9. 蓼科 Polygonaceae	*Polygonum perfoliatum*	杠板归	+	2 - 11
	Polygonum aviculare	萹蓄	+ + +	2 - 12
	Polygonum chinense	火炭母	+	2 - 13
	Polygonum lapathifolium	酸模叶蓼	+	2 - 14
10. 粟米草科 Molluginaceae	*Mollugo verticillata*	种棱粟米草	+	2 - 15
11. 马齿苋科 Portulacaceae	*Portulaca oleracea*	马齿苋	+ +	2 - 16
12. 石竹科 Caryophyllaceae	*Sagina japonica*	漆姑草	+	2 - 17
	Myosoton aquaticum	鹅肠菜	+	2 - 18
	Stellaria media	繁缕	+ +	2 - 19
	Stellaria alsine	雀舌草	+ +	2 - 20
13. 藜科 Chenopodiaceae	*Chenopodium album*	藜	+ +	2 - 21
14. 苋科 Amaranthaceae	*Celosia argentea*	青葙	+ + +	2 - 22
	Achyranthes aspera	倒扣草	+	2 - 23
	Alternanthera sessilis	虾钳菜	+ +	2 - 24

（续）

科名	杂草拉丁名	杂草中文名	出现频度	图号
	Alternanthera philoxeroides	空心莲子草	＋＋＋＋	2－25
15. 胡椒科 Piperaceae	*Peperomia pellucida*	草胡椒	＋＋	2－26
16. 藤黄科 Guttiferae	*Hypericum japonicum*	地耳草	＋	2－27
17. 十字花科 Cruciferae	*Cardamine hirsuta*	碎米荠	＋＋	2－28
	Capsella bursa-pastoris	荠菜	＋	2－29
	Rorippa indica	焊菜	＋＋＋	2－30
18. 蔷薇科 Rosaceae	*Duchesnea indica*	蛇莓	＋＋＋＋＋	2－31
19. 豆科 Leguminosae	*Mimosa pudica*	含羞草	＋＋＋＋	2－32
	Vicia sativa	救荒野豌豆	＋＋	2－33
	Alysicarpus vaginalis	链荚豆	＋＋＋＋＋	2－34
	Desmodium triflorum	三点金	＋＋＋＋＋	2－35
	Desmodium velutinum	绒毛山蚂蝗	＋	2－36
	Desmodium gangeticum	大叶山蚂蝗	＋	2－37
	Kummerowia striata	鸡眼草	＋＋	2－38
	Sesbania cannabina	田菁	＋＋	2－39
20. 酢浆草科 Oxalidaceae	*Oxalis corymbosa*	红花酢浆草	＋＋＋＋	2－40
	Oxalis corniculata	酢浆草	＋＋＋＋＋	2－41
21. 大戟科 Euphorbiaceae	*Euphorbia bifida*	细齿大戟	＋	2－42
	Euphorbia hirta	飞扬草	＋＋	2－43
	Euphorbia hypericifolia	通奶草	＋	2－44
	Euphorbiat hymifolia	千根草	＋＋＋＋	2－45
	Euphorbia humifusa	地锦	＋＋	2－46
	Phyllanthus urinaria	叶下珠	＋＋＋＋＋	2－47
	Acalypha australis	铁苋菜	＋	2－48
22. 远志科 Polygalaceae	*Polygala paniculata*	圆锥花远志	＋	2－49
	Salomonia cantoniensis	齿果草	＋＋＋	2－50
23. 葡萄科 Vitaceae	*Cayratia japonica*	乌蔹莓	＋＋	2－51
24. 锦葵科 Malvaceae	*Urena lobata*	地桃花	＋＋＋	2－52
	Malvastrum coromandelianum	赛葵	＋	2－53
	Sida rhombifolia	白背黄花稔	＋	2－54
25. 堇菜科 Violaceae	*Viola inconspicua*	长萼堇菜	＋＋＋＋＋	2－55
26. 野牡丹科 Melastomataceae	*Melastoma septemnervium*	野牡丹	＋＋	2－56
	Melastoma dodecandrum	地菍	＋＋＋＋	2－57
27. 柳叶菜科 Onagraceae	*Ludwigia hyssopifolia*	草龙	＋＋＋	2－58
28. 伞形科 Umbelliferae	*Oenanthe javanica*	水芹	＋	2－59
	Hydrocotyle sibthorpioides	天胡荽	＋＋＋＋＋	2－60
	Centella asiatica	积雪草	＋＋＋＋＋	2－61
29. 马钱科 Loganiaceae	*Buddleja asiatica*	白背枫	＋	2－62
30. 茜草科 Rubiaceae	*Spermacoce exilis*	二萼丰花草	＋＋＋＋	2－63
	Spermacoce pusilla	丰花草	＋	2－64
	Spermacoce remota	光叶丰花草	＋＋＋＋＋	2－65
	Spermacoce alata	阔叶丰花草	＋＋＋＋	2－66
	Spermacoce hispida	糙叶丰花草	＋	2－67

（续）

科名	杂草拉丁名	杂草中文名	出现频度	图号
	Hedyotis auricularia	耳草	+	2-68
	Hedyotis corymbosa	伞房花耳草	+++++	2-69
	Hedyotis diffusa	白花蛇舌草	+++++	2-70
	Paederia scandens	鸡矢藤	++	2-71
31. 旋花科 Convolvulaceae	*Calystegia hederacea*	打碗花	++	2-72
	Convolvulus arvensis	田旋花	++	2-73
	Ipomoea cairica	五爪金龙	++	2-74
	Merremia hederacea	鱼黄草	++	2-75
32. 紫草科 Boraginaceae	*Bothriospermum tenellum*	柔弱斑种草	+++	2-76
	Trigonotis peduncularis	附地菜	++	2-77
33. 唇形科 Labiatae	*Salvia plebeia*	荔枝草	+	2-78
	Clinopodium chinense	风轮菜	+	2-79
	Clinopodium gracile	细风轮菜	+	2-80
	Anisomeles indica	广防风	+	2-81
34. 茄科 Solanaceae	*Solanum americanum*	少花龙葵	+++	2-82
35. 玄参科 Scrophulariaceae	*Lindernia anagallis*	长蒴母草	++++	2-83
	Lindernia ruellioides	旱田草	++	2-84
	Lindernia crustacea	母草	+++++	2-85
	Mazus japonicus	通泉草	++	2-86
	Scoparia dulcis	野甘草	+++++	2-87
	Veronica undulata	水苦荬	++	2-88
36. 爵床科 Acanthaceae	*Andrographis paniculata*	穿心莲	+	2-89
	Dicliptera chinensis	狗肝菜	+	2-90
	Strobilanthesaprica	山一笼鸡	+	2-91
37. 车前科 Plantaginaceae	*Plantago asiatica*	车前	++++	2-92
38. 桔梗科 Campanulaceae	*Lobelia chinensis*	半边莲	+	2-93
39. 菊科 Compositae	*Xanthium sibiricum*	苍耳	+++	2-94
	Wedelia chinensis	蟛蜞菊	+++++	2-95
	Siegesbeckia orientalis	豨莶(草)	+	2-96
	Spilanthes callimorpha	美形金钮扣	+	2-97
	Eclipta prostata	醴肠	+++++	2-98
	Synedrella nodiflora	金腰箭	+	2-99
	Bidens pilosa	三叶鬼针草	+++++	2-100
	Artemisia argyi	艾蒿	++	2-101
	Cotula anthemoides	芫荽菊	+	2-102
	Soliva anthemifolia	裸柱菊	++	2-103
	Centipeda minima	石胡荽	+++	2-104
	Emilia sonchifolia	一点红	+++++	2-105
	Crassocephalum crepidioides	野茼蒿	+	2-106
	Aster baccharoides	白舌紫菀	+	2-107
	Erigeron annuus	一年蓬	++	2-108
	Conyza canadensis	小蓬草	+++++	2-109
	Ageratum conyzoides	藿香蓟	+++++	2-110

（续）

科名	杂草拉丁名	杂草中文名	出现频度	图号
	Vernonia patula	咸虾花	+ +	2 - 111
	Vernonia cinerea	夜香牛	+ + +	2 - 112
	Cirsium setosum	刺儿菜	+ +	2 - 113
	Hemistepta lyrata	泥胡菜	+ +	2 - 114
	Epaltes australis	球菊	+	2 - 115
	Gnaphalium affine	鼠麴草	+	2 - 116
	Taraxacum mongolicum	蒲公英	+ + +	2 - 117
	Sonchus arvensis	苣荬菜	+ +	2 - 118
	Sonchus oleraceus	苦苣菜	+	2 - 119
	Youngia japonica	黄鹌菜	+ + + + +	2 - 120
40. 百合科 Liliaceae	*Chlorophytum laxum*	小花吊兰	+	2 - 121
41. 鸭跖草科 Commelinaceae	*Commelina bengalensis*	饭包草	+	2 - 122
	Commelina communis	鸭趾草	+	2 - 123
	Commelina diffusa	竹节草	+	2 - 124
	Murdannia nudiflora	裸花水竹叶	+	2 - 125
42. 禾本科 Gramineae	*Sporobolus fertilis*	鼠尾粟	+ + + +	2 - 126
	Eragrostis tenella	鲫鱼草	+ +	2 - 127
	Eragrostis pilosa	画眉草	+ +	2 - 128
	Eleusine indica	牛筋草	+ + +	2 - 129
	Dactyloctenium aegyptium	龙爪茅	+ +	2 - 130
	Cynodon dactylon	狗牙根	+ + + +	2 - 131
	Setaria viridis	狗尾草	+ + + +	2 - 132
	Echinochloa crusgalli	稗	+ + +	2 - 133
	Oplismenus compositus	竹叶草	+ +	2 - 134
	Digitaria sanguinalis	马唐	+ + + + +	2 - 135
	Paspalum conjugatum	两耳草	+ + + +	2 - 136
	Paspalum distichum	双穗雀稗	+	2 - 137
	Paspalum scrobiculatum var. *orbiculare*	圆果雀稗	+ + +	2 - 138
	Cyrtococcum patens	弓果黍	+ + +	2 - 139
	Panicum repens	铺地黍	+ + + +	2 - 140
	Sacciolepis indica	囊颖草	+ + + + +	2 - 141
	Imperata cylindrica	白茅	+ + + +	2 - 142
	Pogonatherum crinitum	金丝草	+ +	2 - 143
	Capillipedium parviflorum	细柄草	+ +	2 - 144
	Ischaemum ciliare	细毛鸭嘴草	+ +	2 - 145
	Apluda mutica	水蔗草	+ +	2 - 146
43. 天南星科 Araceae	*Syngonium podophyllum*	合果芋	+ +	2 - 147
	Pinellia ternata	半夏	+	2 - 148
	Typhonium blumei	犁头尖	+	2 - 149
44. 莎草科 Cyperaceae	*Fimbristylis miliacea*	日照飘拂草	+	2 - 150
	Fimbristylis dichotoma	两歧飘拂草	+ + +	2 - 151
	Fimbristylis schoenoides	少穗飘拂草	+ + + +	2 - 152
	Fimbristylis aestivalis	夏飘拂草	+ +	2 - 153

（续）

科名	杂草拉丁名	杂草中文名	出现频度	图号
	Cyperus rotundus	香附子	+ +	2 - 154
	Cyperus distans	疏穗莎草	+ +	2 - 155
	Cyperus compressus	扁穗莎草	+ +	2 - 156
	Cyperusiria	碎米莎草	+ +	2 - 157
	Cyperus difformis	异型莎草	+ +	2 - 158
	Kyllinga nemoralis	猴子草	+ + + + +	2 - 159
	Kyllinga brevifolia	水蜈蚣	+ + + + +	2 - 160
45. 兰科 Orchidaceae	*Zeuxine strateumatica*	线柱兰	+	2 - 161
	Eulophia graminea	美冠兰	+	2 - 162

注：+号越多表示出现频度越高，或者说危害程度越高。

2.2　蕨类植物杂草分种检索表

1. 茎不发达；单叶或复叶；孢子囊生于正常叶的下面或边缘，或满布于能育叶下面。
  2. 孢子囊起源于一群细胞，壁厚；幼叶开放时不为拳卷，叶为单叶，不育叶卵形，基部心形或圆楔形，全缘且平展 …………………… 尖头瓶尔小草 *Ophioglossum pedunculosum*（图 2-1）
  2. 孢子囊起源于一个细胞，壁厚。
    3. 孢子囊群（或囊托）凸出于叶边之外；茎缠绕攀缘。
      4. 末回小羽片的基部有膨大的关节；末回小羽片不裂，形小，通常为三角形，钝头，长 1.5～3cm，藤本状叶轴细弱 ……………… 小叶海金沙 *Lygodium microphyllum*（图 2-2）
      4. 末回小羽片的基部无关节；末回羽片为 3 裂，裂片短而阔，中央一条长约 3cm，宽约 6mm ……………………………………………………… 海金沙 *Lygodium japonicum*（图 2-3）
    3. 孢子囊群生于叶缘、缘内或叶下面，从不凸出于叶边之外。
      5. 孢子囊群生于叶背，远离叶缘。
        6. 孢子囊群无盖；叶主轴一至三回二歧分枝，第一次分叉处有托叶状羽片，下面通常灰白色；叶脉多次分叉，裂片宽 2～4mm ………… 芒萁 *Dicranopteris pedata*（图 2-4）
        6. 孢子囊群有盖。
          7. 植株有灰白色单细胞针状刚毛；叶二回羽状分裂，叶脉联结，羽片深裂，裂片间有橙色或黄色腺体，基部一对羽片不短缩；孢子囊群圆形，生侧脉中部以上，囊群盖小，膜质，棕色，上面密生柔毛 ……… 华南毛蕨 *Dicranopteris pedata*（图 2-5）
          7. 植株不具针状刚毛，或有疏柔毛或腺毛；叶片羽状深裂，叶脉全部联结成细密网眼，裂片全缘，侧脉不明显；孢了囊群大，在主脉两侧各排成 1 行，孢子囊群无盾状隔丝覆盖 ……………………………… 瘤蕨 *Phymatosorus scolopendria*（图 2-6）
      5. 孢子囊群沿叶缘生于连接小脉的总脉上，形成 1 条汇合囊群；根状茎直立，被鳞片；叶片无毛，指状或近指状分裂，成长叶明显二形；根状茎先端的鳞片边缘有睫毛 …… …………………………………………………… 凤尾蕨 *Pteris cretica* var. *nervosa*（图 2-7）
1. 茎发达，细长，二歧分枝；叶细小，钻形，有棱角，向上弯曲，先端芒刺状；孢子囊穗无柄，单生于小枝顶端 ……………………………………… 铺地蜈蚣 *Palhinhae cernua*（图 2-8）

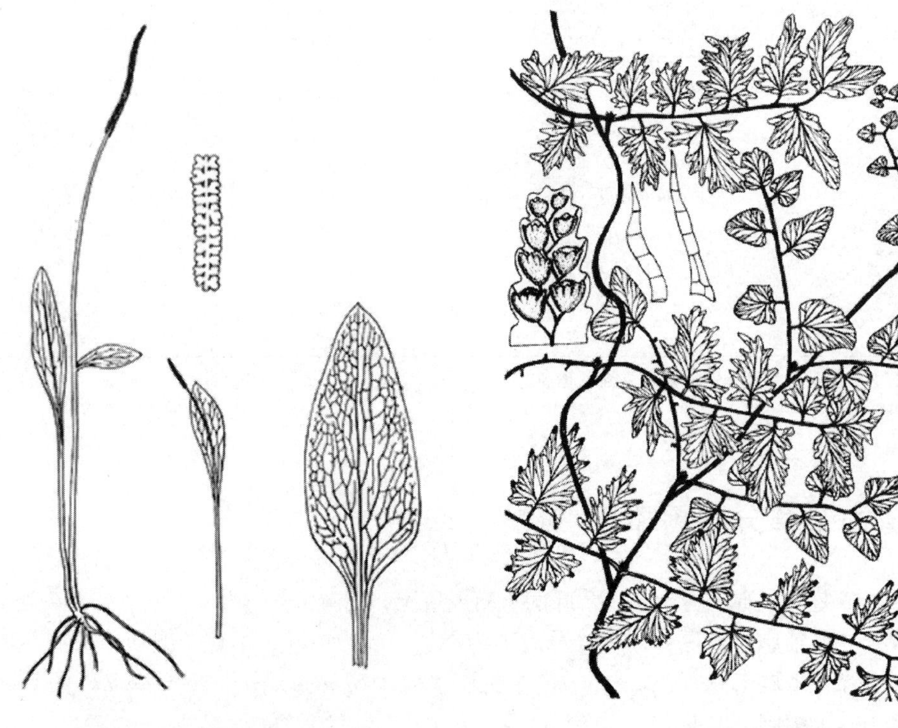

图 2-1　尖头叶瓶尔小草　　　　图 2-2　小叶海金沙

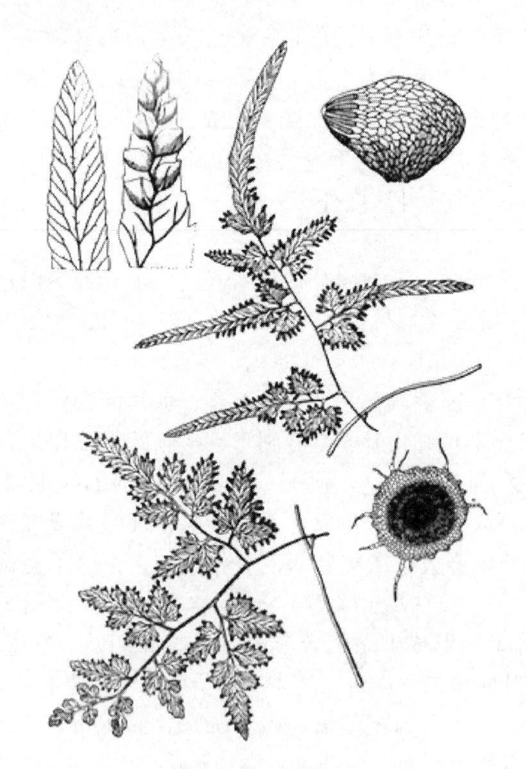

图 2-3　海金沙

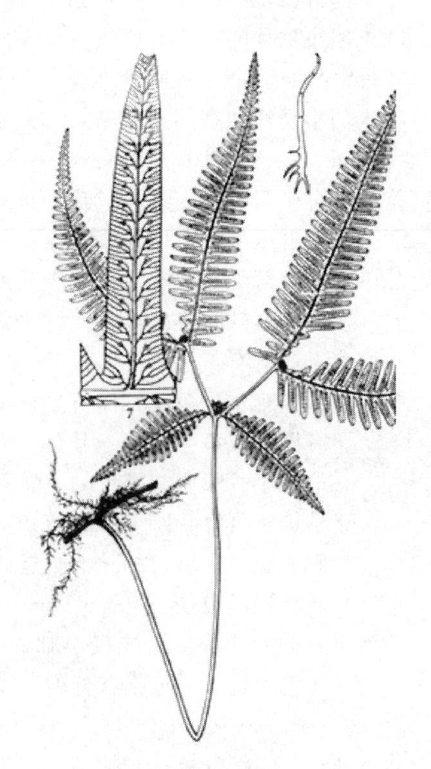

图 2-4　芒萁

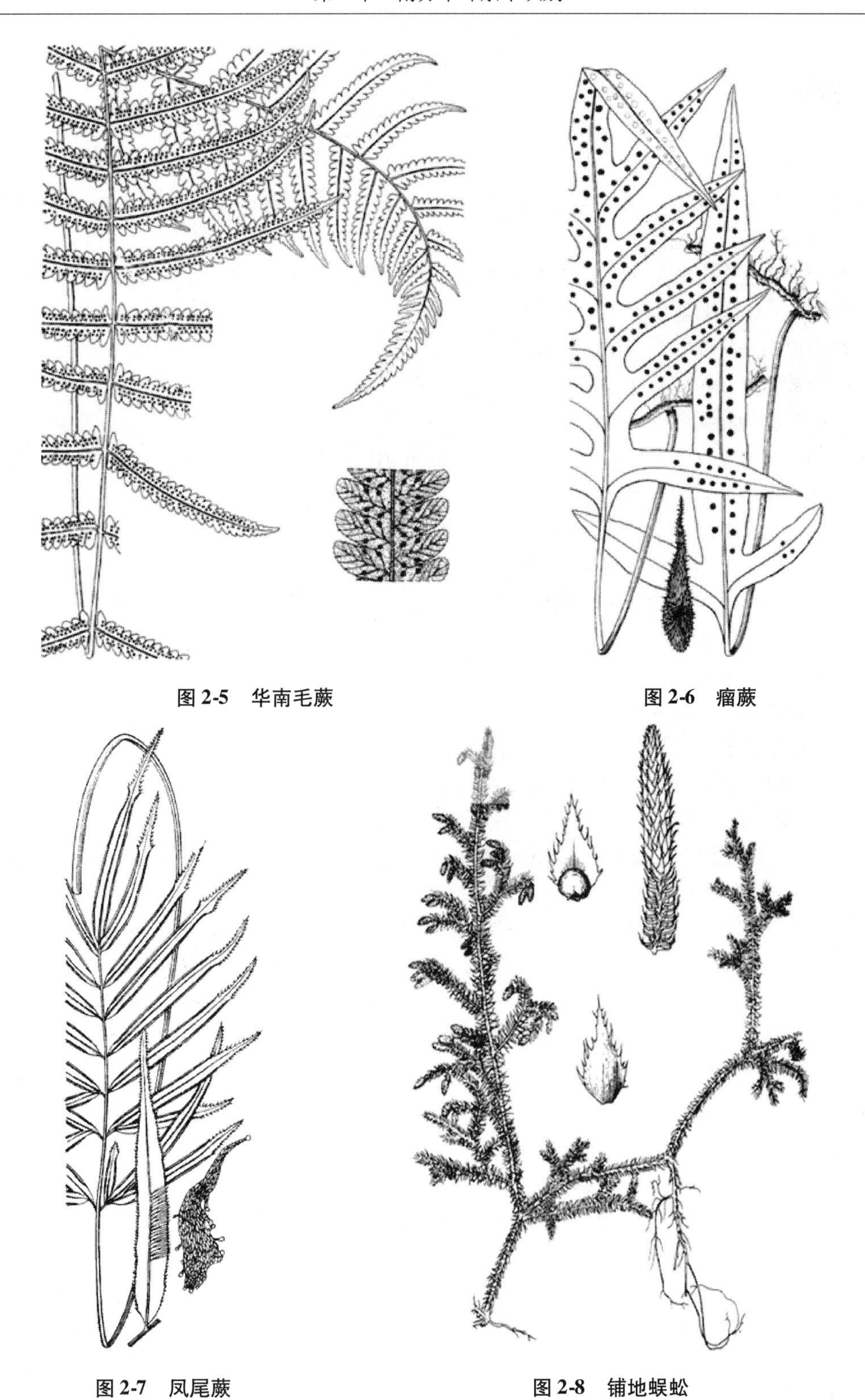

图 2-5　华南毛蕨

图 2-6　瘤蕨

图 2-7　凤尾蕨

图 2-8　铺地蜈蚣

2.3 双子叶植物杂草分科检索表

1. 花瓣离生或无花瓣。
  2. 花通常单性，无花瓣，花柱 3；通常为蒴果；常具有白色乳汁 ………………………… 大戟科
  2. 花单性或两性，无乳汁。
    3. 雌蕊由 2 至多个心皮组成，心皮分离或仅基部合生，花柱分离，花被片和雄蕊周位，4～5 基数，有萼片花瓣之分，叶互生或基生 ………………………………………………… 蔷薇科
    3. 雌蕊由 1 心皮或数个合生心皮组成。
      4. 花被 2 或多轮，有花萼花冠之分。
        5. 雄蕊为花瓣数的 2 倍以上。
          6. 子房具特立中央胎座，萼片通常 2；叶肉质 ………………………………… 马齿苋科
          6. 子房中轴胎座或边缘胎座或侧膜胎座。
            7. 单叶对生，有透明腺点；中轴胎座，蒴果 ……………………………………… 藤黄科
            7. 复叶，或单叶互生
              8. 花具副萼；中轴胎座，单体雄蕊，花柱上部分离；蒴果 ……………… 锦葵科
              8. 花无副萼；边缘胎座，常为二体雄蕊（含羞草除外），花柱单一；荚果………………………………………………………………………………………………… 豆科
        5. 雄蕊数等于或少于花瓣数的 2 倍。
          9. 雄蕊和花被周位，或子房下位或半下位。
            10. 花药孔裂；雄蕊有关节；叶具有基出脉 3～7（～9） ………………… 野牡丹科
            10. 花药纵裂或瓣裂；雄蕊无关节；叶具网状脉。
              11. 子房具特立中央胎座；蒴果；叶对生，节膨大 …………………… 石竹科
              11. 子房非特立中央胎座。
                12. 伞形花序；双悬果；叶常为复叶，叶柄基部呈鞘状抱茎而生 …… 伞形科
                12. 穗状或总状花序；蒴果；单叶，叶对生或互生，稀轮生，叶柄非鞘状 ……………………………………………………………………………… 柳叶菜科
          9. 花被至少有 1 轮下位，或雄蕊下位。
            13. 中轴胎座或顶生胎座。
              14. 花两侧对称，雄蕊小于 10，不与花瓣对生；单叶互生、对生或轮生 ………………………………………………………………………………………… 远志科
              14. 花辐射对称；雄蕊 4～10 枚，与花瓣对生。
                15. 雄蕊 4～5，与花瓣对生；藤本；单叶、羽状或掌状复叶；花序与叶对生 ……………………………………………………………………………… 葡萄科
                15. 雄蕊 10 枚，外轮与花瓣对生；草本；三出掌状复叶，或奇数羽状复叶；花序不与叶对生 ………………………………………………………… 酢浆草科
            13. 侧膜胎座或边缘胎座。
              16. 花两侧对称，花瓣 5，雄蕊 5 枚；蒴果……………………………… 堇菜科
              16. 花辐射对称，花瓣 4，雄蕊 6 枚；角果………………………………… 十字花科
      4. 花被 1 轮，有时呈花瓣状或缺。

17. 雄蕊着生于花被上，花被果时增厚；子房1室；胞果 …………………………… 藜科
17. 雄蕊非着生于花被上。
18. 花被片干膜质；雄蕊常下部合生 ………………………………………………… 苋科
18. 花被片非干膜质，花丝分离。
19. 柱头3；叶具叶鞘和膜质托叶；瘦果具3~4棱或双凸镜状，有时具翅或刺 …………………………………………………………………………………… 蓼科
19. 柱头1~2。
20. 叶通常具3基出脉；花单性，雄蕊在花蕾中内弯 ……………………… 荨麻科
20. 叶不具3基出脉。
21. 花无花被，穗状或总状花序；子房仅具1胚珠，浆果 …………… 胡椒科
21. 花具花被，单生或排成聚伞花序；子房胚珠多数，蒴果 ……… 粟米草科
1. 花瓣合生(至少基部合生)。
22. 子房下位或半下位。
23. 具总苞头状花序；子房1室，连萼瘦果 ………………………………………… 菊科
23. 花序与子房均非上述。
24. 叶互生，无托叶；花两侧对称；雄蕊5枚，合生成管状 ……………………… 桔梗科
24. 叶对生或轮生，托叶明显，分离或程度不等地合生；花辐射对称，花冠通常4~5裂；雄蕊分离，与花冠裂片同数而互生 ……………………………… 茜草科
22. 子房上位。
25. 花冠辐射对称。
26. 花冠干膜质，4裂；雄蕊4，伸出花冠外；叶基生，具平行脉 ………………… 车前科
26. 综合性状非如上述。
27. 叶互生。
28. 雄蕊通常5；子房隔膜偏斜；浆果………………………………………………… 茄科
28. 雄蕊数至少为花冠裂片的2倍。
29. 花柱通常着生于子房基部；果为4个小坚果 ……………………………… 紫草科
29. 综合性状非如上述。
30. 子房每室1~2胚珠；草质藤本；叶互生 ………………………………… 旋花科
30. 子房每室3至多数胚珠；直立草本；叶对生或轮生 …………………… 玄参科
27. 叶对生或轮生；植株无乳汁；中轴胎座；蒴果，浆果或核果；雄蕊与花冠裂片同数 ……………………………………………………………………………… 马钱科
25. 花冠多少两侧对称。
31. 胚珠多数，不叠生(不排成竖行)；蒴果 ………………………………………… 玄参科
31. 胚珠4或更多，叠生。
32. 花柱着生于子房基部；果为4分小坚果 ………………………………………… 唇形科
32. 花柱顶生；蒴果，室背开裂为2果爿 ……………………………………………… 爵床科

2.4 单子叶植物杂草分科检索表

1. 花无花被片，生于颖状苞片内排成小穗。
  2. 秆通常三棱形，节间实心或髓部形成横隔；叶通常有不裂的叶鞘；花药基生；小坚果 …… ……………………………………………………………………………………… 莎草科
  2. 秆通常圆形，节间中空；叶鞘开裂；花药丁字着生；颖果 ……………………………… 禾本科
1. 花有花被。
  3. 子房上位。
    4. 花小，排成肉穗花序，并为一佛焰苞包围 …………………………………………… 天南星科
    4. 花不排成肉穗花序。
      5. 花被片内外轮不相似；叶有闭合叶鞘；植株通常无根状茎 ……………………… 鸭跖草科
      5. 花被片内外轮相似，均为花瓣状；叶无叶鞘；植株具根状茎 …………………… 百合科
  3. 子房下位；发育雄蕊 1～2 枚；花丝和花柱合生成雌雄蕊柱；花粉黏结成块 ………… 兰科

2.5 被子植物各科杂草分种检索表、分种描述及图鉴

2.5.1 荨麻科 Urticaceae

1. 叶卵形，长 1～3cm，上面被毛；托叶分离；团伞花序腋生呈头状；柱头丝状 ……………… ………………………………………………………… 雾水葛 *Pouzolzia zeylanica*（图 2-9）
1. 叶倒卵形至匙形，长 4～10mm；托叶合生；聚伞花序单生或成对腋生；柱头画笔状 ………… ………………………………………………………… 透明草 *Pilea microphylla*（图 2-10）

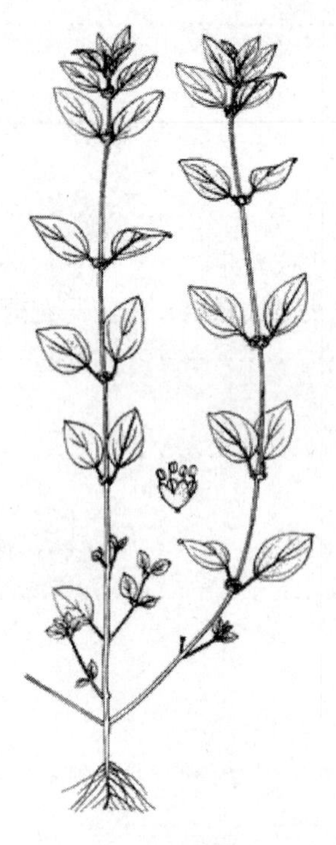

图 2-9 雾水葛

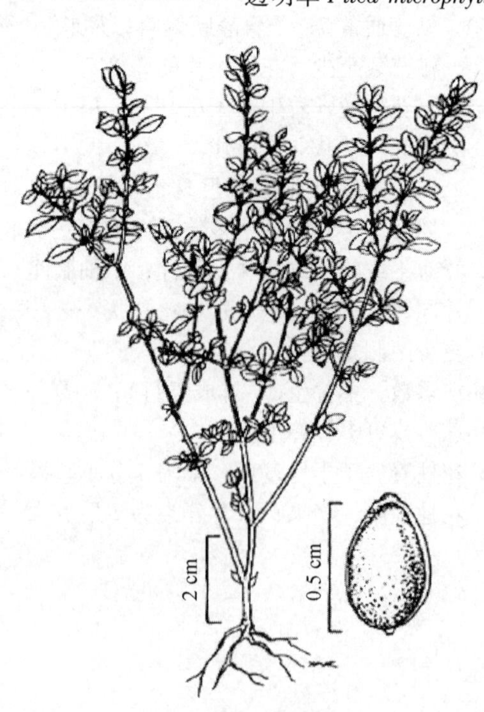

图 2-10 透明草

2.5.2　蓼科 Polygonaceae

1. 攀缘或缠绕藤本；叶三角形，盾状着生；茎、叶有倒钩刺 ………………………………………………………………………………… 杠板归 *Polygonum perfoliatum*（图 2-11）

1. 茎直立。
  2. 叶两面无毛；雄蕊 8 枚。
    3. 花 1～3 朵簇生叶腋；托叶鞘下部褐色，上部白色，撕裂脉明显；叶椭圆形，长 1～4cm，宽 3～12mm，基部楔形 …………………………………… 萹蓄 *Polygonum aviculare*（图 2-12）
    3. 花序头状；托叶鞘白色，具脉纹，顶端偏斜；叶卵形或长卵形，长 4～10cm，宽 2～4cm，基部截形或宽心形 ……………………………………… 火炭母 *Polygonum chinense*（图 2-13）
  2. 叶两面或下面被毛；雄蕊 6 枚；总状花序呈穗状，长 2～6cm；花被 5 裂；叶披针形，长5～15cm，常有一个大的黑褐色新月形斑点 ……… 酸模叶蓼 *Polygonum lapathifolium*（图 2-14）

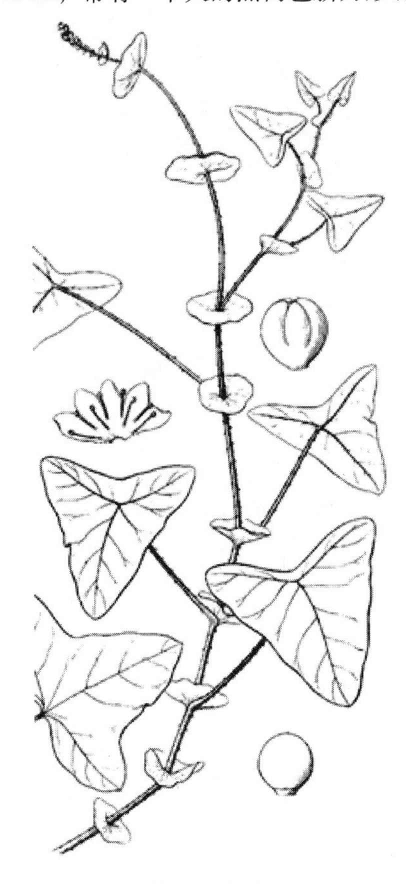

图 2-11　杠板归

图 2-12　萹蓄

图 2-13 火炭母

图 2-14 酸模叶蓼

2.5.3 粟米草科 Molluginaceae

种棱粟米草(*Mollugo verticillata*：图 2-15)一年生草本，高 10～30cm。基生叶莲座状，叶片倒卵形或倒卵状匙形，茎生叶 3～7 片假轮生或 2～3 片生于节的一侧。花淡白色或绿白色，3～5 朵簇生于节的一侧；雄蕊常 3，花丝基部稍宽；子房 3 室，花柱 3。蒴果瓣裂。

2.5.4 马齿苋科 Portulacaceae

马齿苋(*Portulaca oleracea*：图 2-16)茎平卧或斜倚，多分枝。叶互生，有时近对生，叶片肥厚，倒卵形，上面暗绿色，下面淡绿色或带暗红色。花无梗，常 3～5 朵簇生枝端；苞片 2～6，叶状，膜质；萼片 2，对生，绿色，盔形；花瓣 5，稀 4，黄色。蒴果盖裂。

2.5.5 石竹科 Caryophyllaceae

1. 花柱 5 枚。
   2. 叶基部连合成短鞘状；花瓣全缘或微凹，短于萼片；果爿不再裂 ……………………………………………………………………………………………… 漆姑草 *Sagina japonica*(图 2-17)
   2. 叶基部不连合成鞘状；花瓣 2 深裂达基部，长于萼片；果爿顶端 2 齿裂，裂齿外弯 ……………………………………………………………………………………… 鹅肠菜 *Myosoton aquaticum*(图 2-18)

1. 花柱 3 枚。
   3. 叶卵形或卵状心形，宽 7 ~ 20mm，有柄 ………………………… 繁缕 *Stellaria media*(图 2-19)
   3. 叶卵状长圆形、长圆形或披针形，宽 1.5 ~ 6mm，无柄 …… 雀舌草 *Stellaria alsine*(图 2-20)

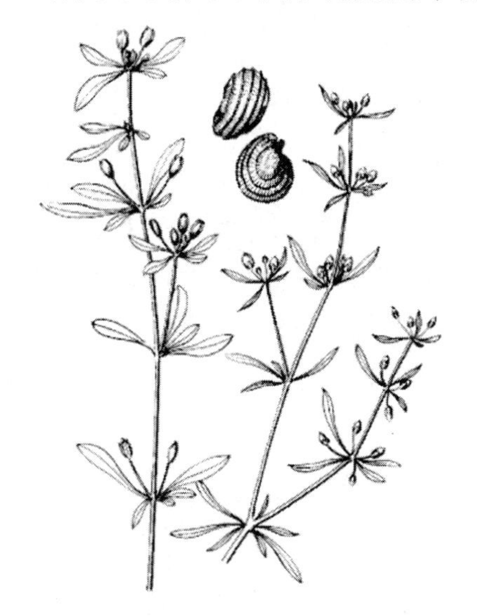

图 2-15　种棱粟米草

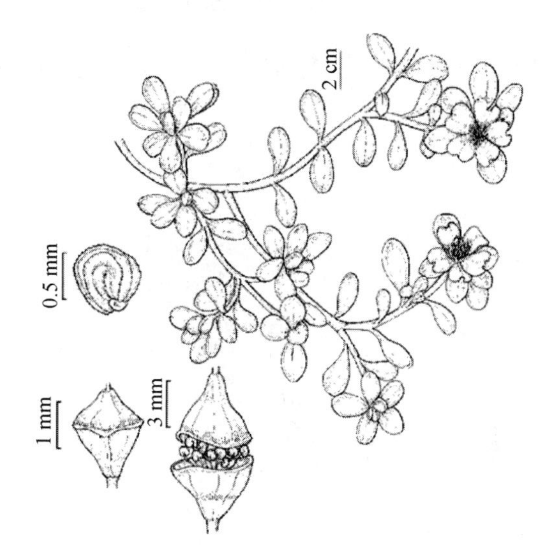

图 2-16　马齿苋

图 2-17　漆姑草

图 2-18　鹅肠菜

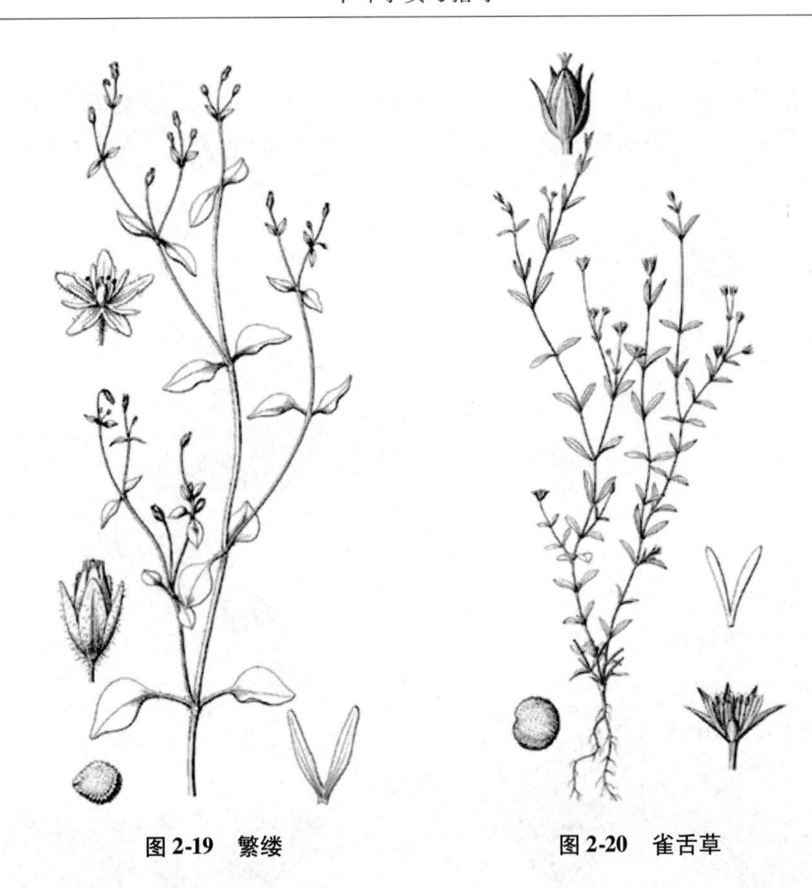

图 2-19 繁缕　　图 2-20 雀舌草

2.5.6 藜科 Chenopodiaceae

藜(*Chenopodium album*：图 2-21）茎直立，具条棱及绿色或紫红色色条，多分枝。叶片菱状卵形至宽披针形，上面通常无粉，有时嫩叶的上面有紫红色粉，下面多少有粉，边缘具不整齐锯齿。花两性；穗形圆锥状花序；花被裂片 5，有粉；雄蕊 5，花药伸出花被，柱头 2。

2.5.7 苋科 Amaranthaceae

1. 叶互生；穗状花序顶生，圆柱形；萼片白色或浅红色 ………… 青葙 *Celosia argentea*(图 2-22)
1. 叶对生。
  2. 花药 2 室，花中有不育雄蕊，花序或果序长 5 ~ 20 cm；小苞片具长芒，花后反折 ……………………………………………………………………… 倒扣草 *Achyranthes aspera*(图 2-23)
  2. 花药 1 室；头状花序。
    3. 头状花序无总花梗；雄蕊 3，花丝连合成杯状，花药卵形；退化雄蕊小，齿状或舌状。花被片大小相等 ………………………………………… 虾钳菜 *Alternanthera sessilis*(图 2-24)
    3. 头状花序有总花梗；雄蕊 5，花丝连合成管状，花药条状长椭圆形；退化雄蕊舌状，顶端流苏状 ……………………………………… 空心莲子草 *Alternanthera philoxeroides*(图 2-25)

2.5.8 胡椒科 Piperaceae

草胡椒(*Peperomia pellucida*：图 2-26）肉质草本。茎直立或基部有时平卧，下部节上常生不定根。叶互生，膜质，阔卵形或卵状三角形，长和宽近相等，约1～3.5cm，顶端短尖或钝，基部心形；叶脉5～7条，基出。穗状花序顶生或与叶对生，细弱。浆果，直径约0.5mm。

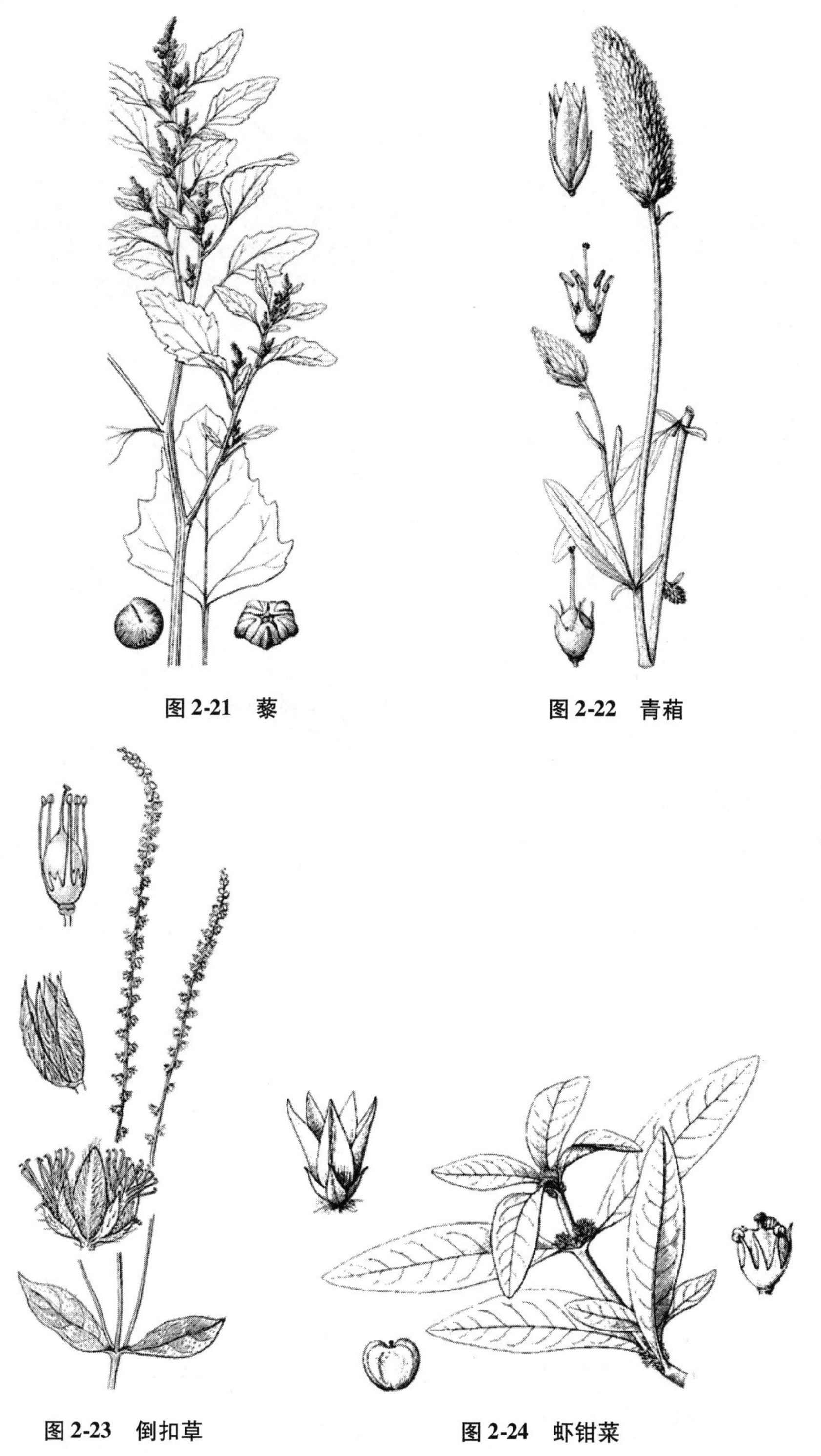

图2-21　藜

图2-22　青葙

图2-23　倒扣草

图2-24　虾钳菜

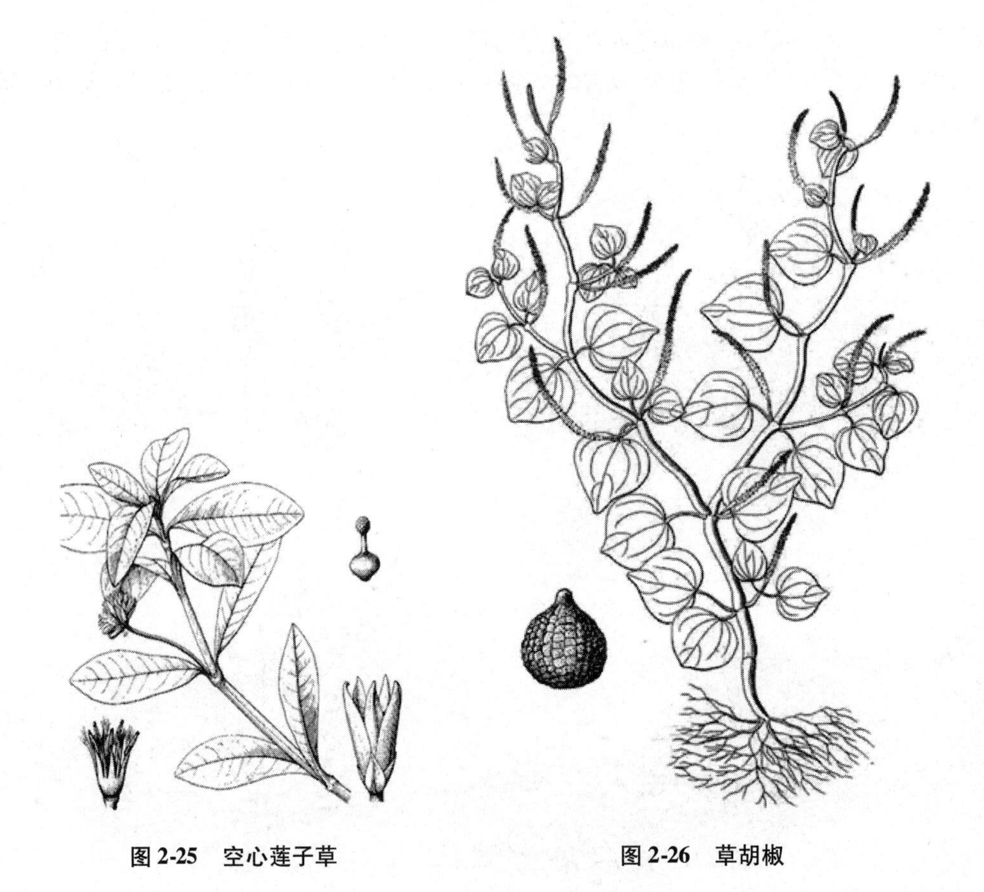

图 2-25　空心莲子草　　　　图 2-26　草胡椒

2.5.9　藤黄科 Guttiferae

地耳草(*Hypericum japonicum*：图 2-27) 茎直立，具 4 纵线棱，叶对生，卵形或宽卵形，长 4 ~ 15mm，宽 2 ~ 8mm，全缘；无柄。花小，黄色，为顶生二歧聚伞花序；萼片、花瓣各 5，几等长；雄蕊 10 枚以上，基部连合；花柱 3，分离。蒴果，有宿萼，3 瓣开裂。

2.5.10　十字花科 Cruciferae/Brassicaceae

1. 长角果；单叶或羽状复叶；茎、花序轴均直立；株高 10 ~ 25cm；主茎粗 1 ~ 2mm；小叶长 4 ~ 10mm ………………………………………………… 碎米荠 *Cardamine hirsuta*(图 2-28)
1. 短角果。
   2. 角果倒三角形；花白色，长约 2.5mm　………… 荠菜 *Capsella bursa - pastoris*(图 2-29)
   2. 短角果圆柱形；花黄色，长 3 ~ 4mm ……………………… 蔊菜 *Rorippa indica*(图 2-30)

2.5.11　蔷薇科 Rosaceae

蛇莓(*Duchesnea indica*：图 2-31) 匍匐茎多数。三出复叶，小叶片长 2 ~ 3.5(~5)cm，宽 1 ~ 3cm，两面皆有柔毛。花单生于叶腋；直径 1.5 ~ 2.5cm；副萼片倒卵形；花黄色；雄蕊 20 ~ 30；心皮多数，离生；花托在果期膨大，鲜红色，有光泽，外面有长柔毛。

图 2-27　地耳草

图 2-28　碎米荠

图 2-29　荠菜

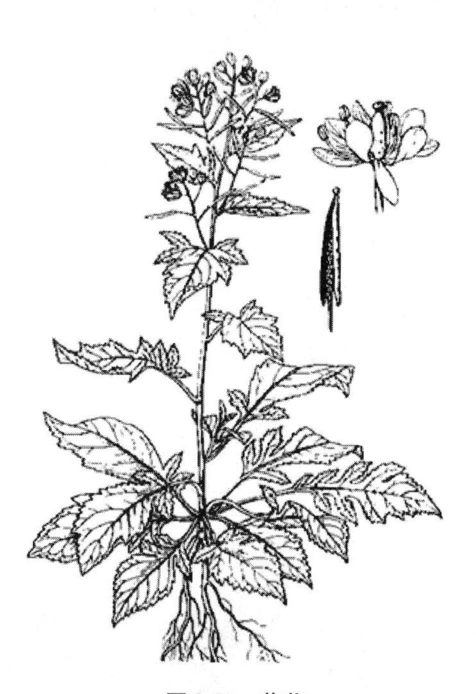

图 2-30　蔊菜

2.5.12 豆科 Leguminosae

1. 花辐射对称；雄蕊4枚；羽片通常2对；茎圆柱状，具散生钩刺及倒生刺毛；荚果边缘有刺毛 …………………………………………………………………… 含羞草 *Mimosa pudica*(图2-32)
1. 花两侧对称。
  2. 叶轴顶端有卷须；偶数羽状复叶，小叶2～7对；花1～2(～4)朵腋生，近无梗 ………… …………………………………………………………………… 救荒野豌豆 *Vicia sativa*(图2-33)
  2. 叶轴顶端无卷须。
    3. 荚果有横向断裂的荚节。
      4. 花萼裂片干硬，具条纹；单叶，椭圆形，长3～6.5cm，宽1～2cm；花冠红色或粉红色 …………………………………………………………………… 链荚豆 *Alysicarpus vaginalis*(图2-34)
      4. 花萼裂片膜质，不具条纹；羽状复叶；荚节明显，不反复折叠，成熟时不开裂。
        5. 羽状三出复叶；花单生或2～3朵簇生于叶腋，花冠紫红色；顶生小叶倒心形、倒三角形或倒卵形，长宽均为2.5～10mm ………… 三点金 *Desmodium triflorum*(图2-35)
        5. 叶为单小叶，稀为3小叶。
          6. 荚果腹缝线直，背缝线浅波状，有5～7荚节，密被黄色直毛和钩状毛；叶偶为三出复叶 …………………………………… 绒毛山蚂蝗 *Desmodium velutinum*(图2-36)
          6. 荚果腹缝线稍直，背缝线深波状，有6～8荚节，被钩状短茸毛；仅具单小叶 … …………………………………………… 大叶山蚂蝗 *Desmodium gangeticum*(图2-37)
    3. 荚果无横向断裂的荚节。
      7. 铺地草本；掌状三出复叶，小叶侧脉多而密，平行，直达叶缘；小苞片4枚 ………… …………………………………………………………………… 鸡眼草 *Kummerowia striata*(图2-38)
      7. 直立草本；偶数羽状复叶，小叶20～40对，小叶侧脉非直达叶缘；小苞片2枚，早落 …………………………………………………………………… 田菁 *Sesbania cannabina*(图2-39)

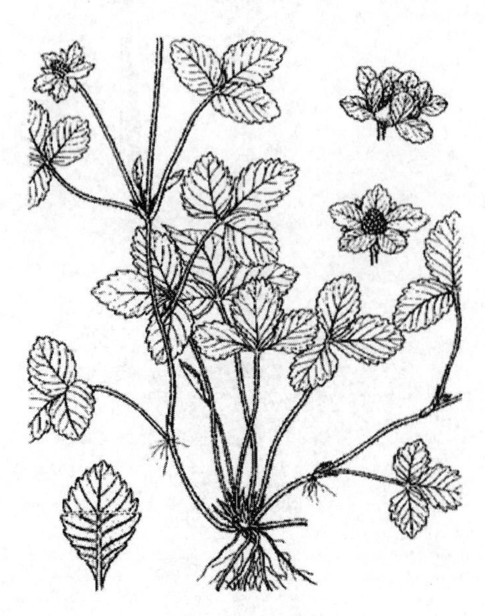

图2-31 蛇莓

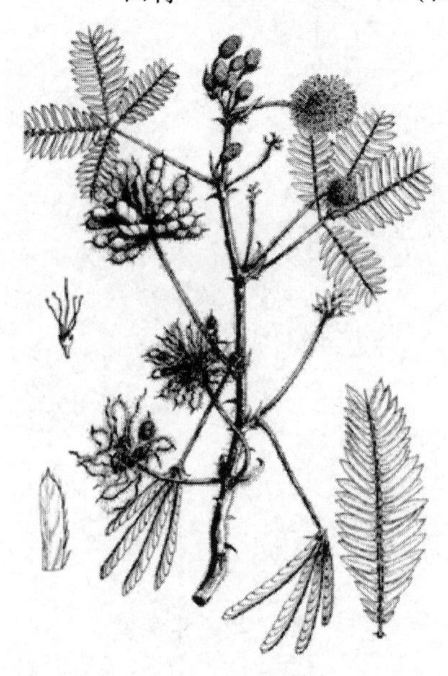

图2-32 含羞草

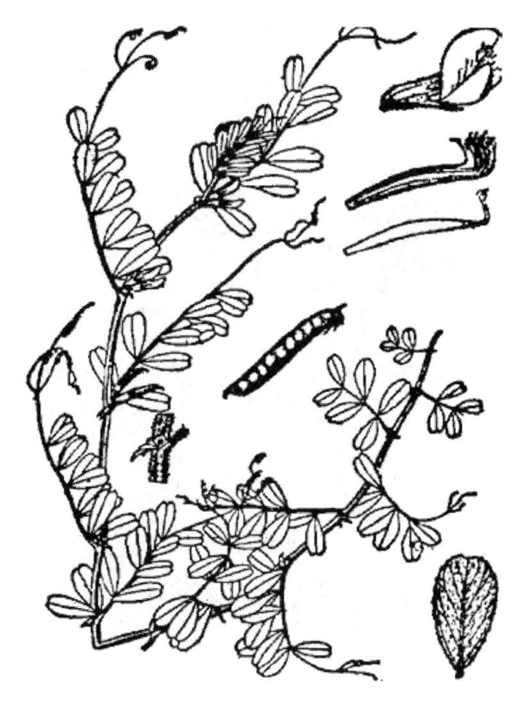

图 2-33　救荒野豌豆

图 2-34　链荚豆

图 2-35　三点金

图 2-36　绒毛山蚂蝗

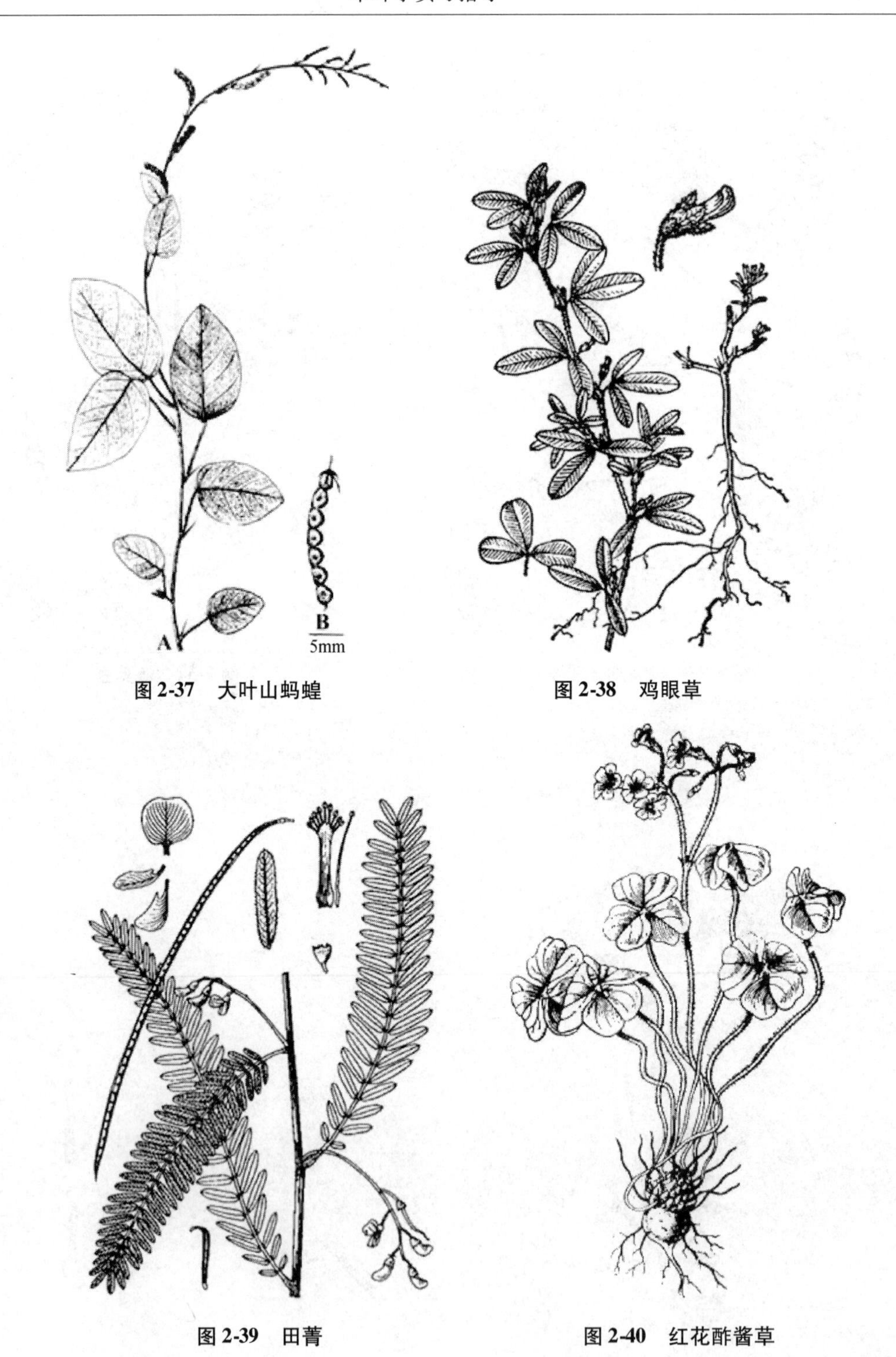

图2-37 大叶山蚂蝗

图2-38 鸡眼草

图2-39 田菁

图2-40 红花酢酱草

2.5.13 酢浆草科 Oxalidaceae

1. 多年生草本，具地下鳞茎；较大，紫红色 ………………… 红花酢酱草 *Oxalis corymbosa*(图2-40)
1. 一年生草本，无地下鳞茎；花细小，黄色 ……………………… 酢酱草 *Oxalis corniculata*(图2-41)

2.5.14　大戟科 Euphorbiaceae

1. 植株具白色乳汁；杯状聚伞花序，腺体着生于总苞边缘的裂缺处。
  2. 叶纸质，线形或线状长圆形，边缘疏生小齿；杯状聚伞花序排成二岐的短花序 ……………………………………………………………… 细齿大戟 *Euphorbia bifida*（图 2-42）
  2. 叶多少肉质，斜椭圆形、卵状长圆形至卵状披针形。
    3. 杯状聚伞花序多个密生，排成球形或近球形的复聚伞花序；植株被多细胞长粗毛 ……………………………………………………………… 飞扬草 *Euphorbia hirta*（图 2-43）
    3. 杯状聚伞花序排成二歧或三歧的复聚伞花序，或 1 ~ 3 个簇生叶腋。
      4. 茎直立或斜升；叶长 1 ~ 3cm；总花梗长 5mm ……………………………………………………………… 通奶草 *Euphorbia hypericifolia*（图 2-44）
      4. 茎匍匐或披散；叶长不超过 1cm。
        5. 茎、子房和果实均被柔毛；种子具明显横沟；叶长 4 ~ 8mm ……………………………………………………………… 千根草 *Euphorbia thymifolia*（图 2-45）
        5. 茎、子房和果实均无毛；种子近平滑；叶长 5 ~ 10mm ……………………………………………………………… 地锦 *Euphorbia humifusa*（图 2-46）
1. 植株无白色乳汁；非杯状聚伞花序。
  6. 雌花无苞片；果生于各叶腋，悬垂于叶片背面，果梗长不及 0.5mm；叶全缘；托叶刚毛状 ……………………………………………………………… 叶下珠 *Phyllanthus urinaria*（图 2-47）
  6. 雌花苞片 1 ~ 2(~ 4)枚，长约 10mm；果簇生于增大的总苞内；叶有锯齿；托叶披针形 ……………………………………………………………… 铁苋菜 *Acalypha australis*（图 2-48）

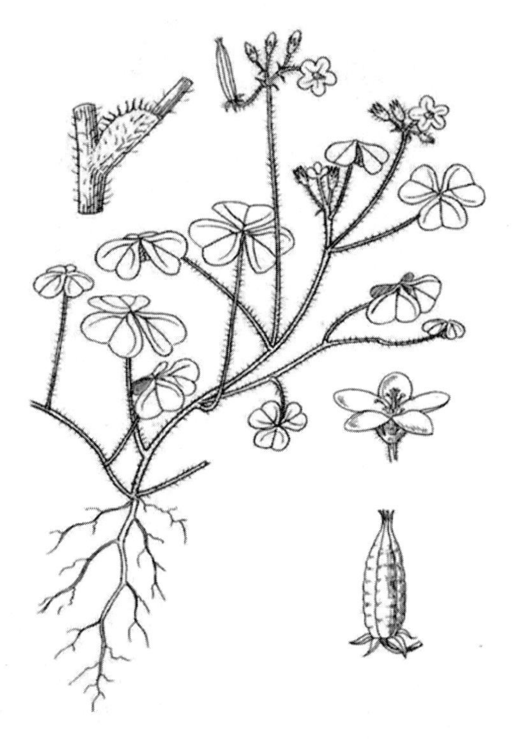

图 2-41　酢酱草

图 2-42　细齿大戟

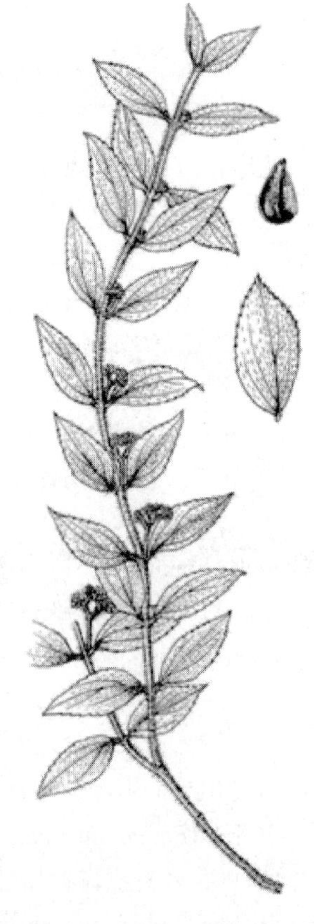

图 2-43 飞扬草

图 2-44 通奶草

图 2-45 千根草

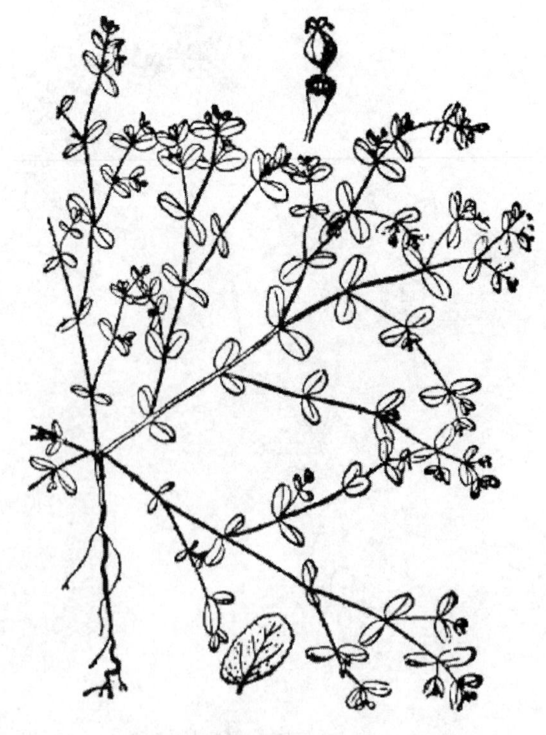

图 2-46 地锦

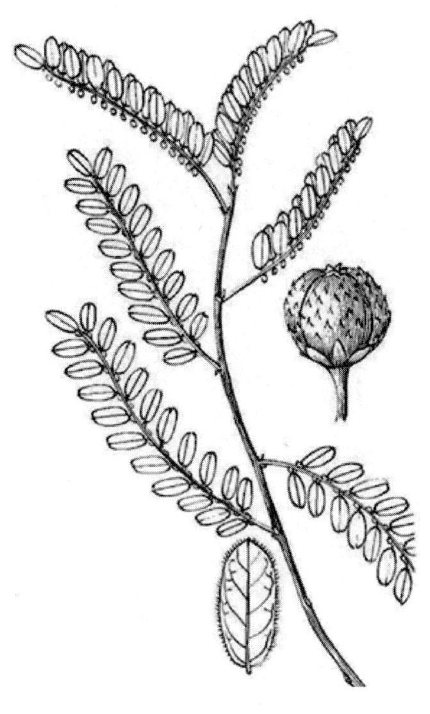

图2-47　叶下珠

图2-48　铁苋菜

2.5.15　远志科 Polygalaceae

1. 雄蕊8枚；萼片5，内面2片较大，花瓣状，红或紫色，较果短或近等长；花柱直，顶端成杯状；茎无翅；叶披针形或线状披针形 ……………… 圆锥花远志 *Polygala paniculata*(图2-49)
1. 雄蕊4~5枚；萼片5，近相等；花柱纤细，柱头微裂；茎有狭翅；叶有短柄，叶片心形 ………………………………………………………………………… 齿果草 *Salomonia cantoniensis*(图2-50)

2.5.16　葡萄科 Vitaceae

乌蔹莓(*Cayratia japonica*：图2-51）草质藤本。卷须2~3叉分枝，与叶对生。叶为鸟足状5小叶，上面绿色，无毛，下面浅绿色，无毛或微被毛。花序腋生，复二歧聚伞花序；花瓣4，雄蕊4，花柱短，柱头微扩大。

2.5.17　锦葵科 Malvaceae

1. 雄蕊管全部或上半部有多数具花药的分离花丝；副萼呈杯状，裂片三角形；分果，果皮具锚状刺；小灌木；分裂叶3~5浅裂或裂至中部 …………………… 地桃花 *Urena lobata*(图2-52)
1. 雄蕊管顶部分裂为多数具花药的花丝。
   2. 花具副萼3枚；花单生叶腋；分果爿10~15个，背部具2芒刺；叶两面疏生伏毛；托叶披针形 …………………………………………………… 赛葵 *Malvastrum coromandelinum*(图2-53)
   2. 花无副萼；花单生叶腋，有时2~5多簇生于小枝顶；分果爿8~10个，通常无芒；叶上面近无毛，下面被灰色星状绒毛；托叶线形 …………… 白背黄花稔 *Sida rhombifolia*(图2-54)

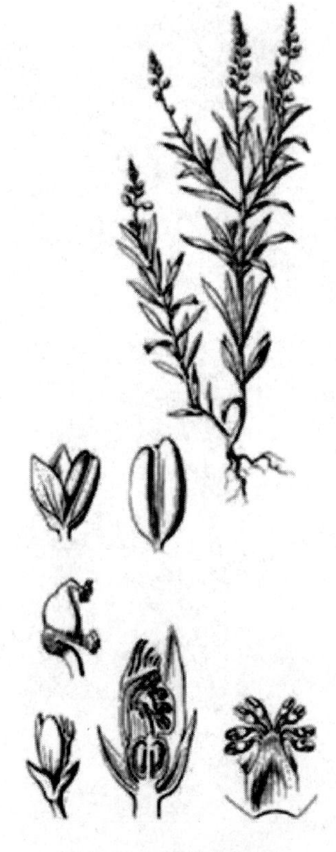

图 2-49　圆锥花远志

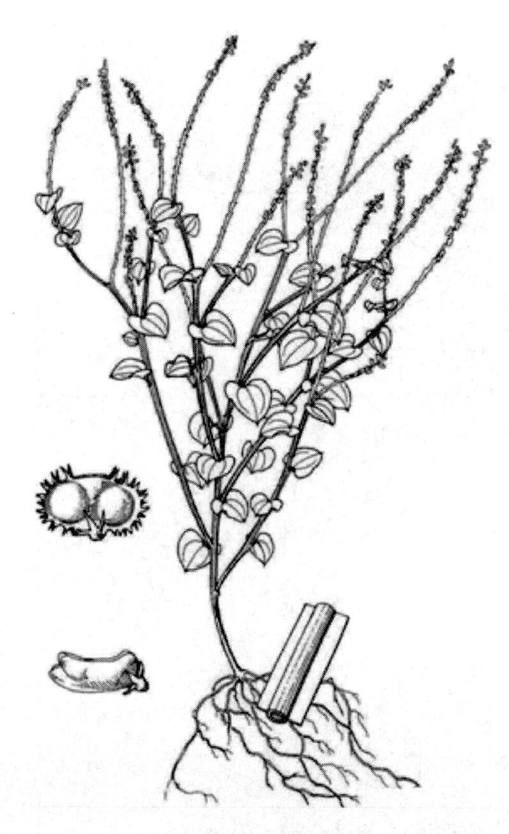

图 2-50　齿果草

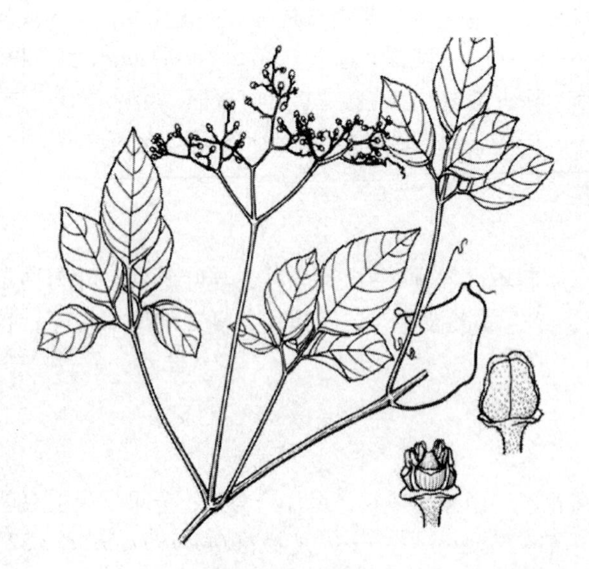

图 2-51　乌蔹莓

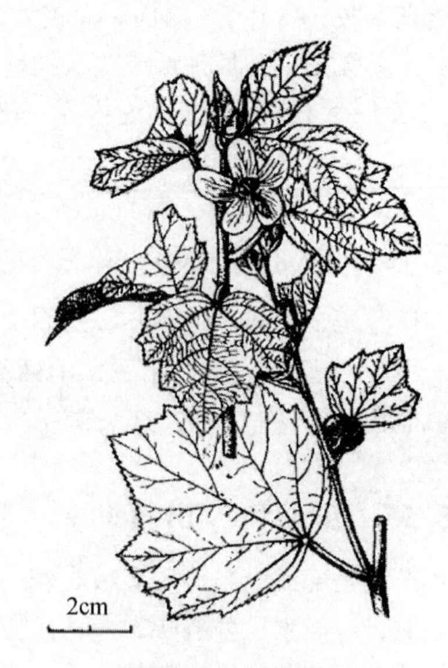

图 2-52　地桃花

图2-53　赛葵

图2-54　白背黄花稔

2.5.18　堇菜科 Violaceae

长萼堇菜(*Viola inconspicua*：图2-55）无地上茎；叶基生，呈莲座状；叶片三角状卵形或戟形，长1.5～7cm，宽1～3.5cm，基部宽心形，弯缺呈宽半圆形。花淡紫色，有暗色条纹；萼片基部附属物伸长，具狭膜质缘；花瓣距管状。蒴果长圆形，成熟时3瓣裂。

2.5.19　野牡丹科 Melastomataceae

1. 植株直立，分枝多；茎密被紧贴的鳞片状糙伏毛；叶片长4～10cm，宽2～6cm，基出脉7 ……………………………………………………………… 野牡丹 *Melastoma septemnervium*(图2-56)
1. 植株匍匐，逐节生根，小枝披散；茎幼时被毛，后无毛；叶片长不及4cm，宽2cm以下，基出脉3或5 ………………………………………………………… 地菍 *Melastoma dodecandrum*(图2-57)

2.5.20　柳叶菜科 Onagraceae

草龙(*Ludwigia hyssopifolia*：图2-58）茎基部常木质化，常3或4棱形；叶披针形至线形。花腋生，萼片4，常有3纵脉；花瓣4，黄色，分离；雄蕊8，花丝不等长。蒴果幼时近四棱形，熟时近圆柱状。

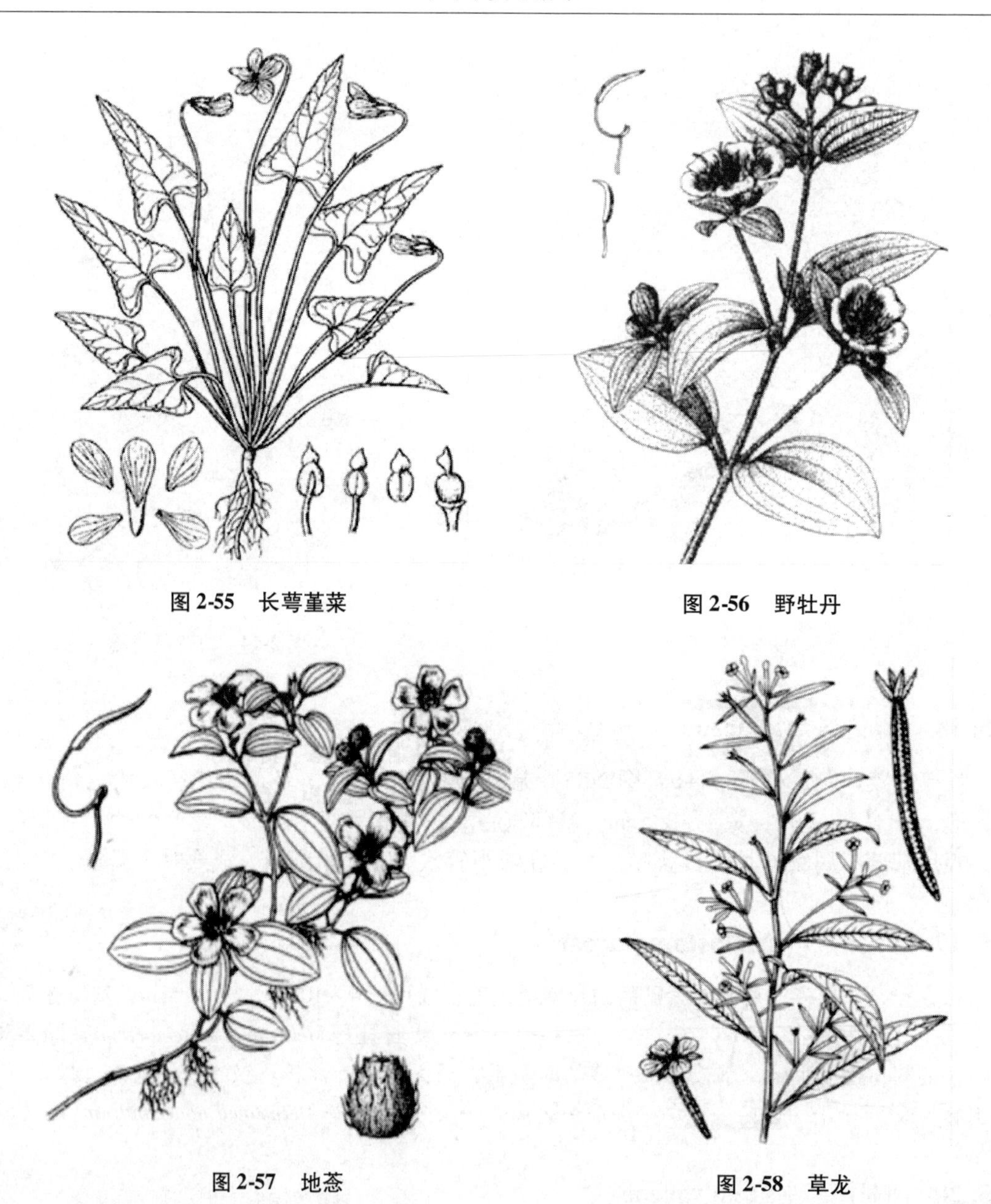

图 2-55 长萼堇菜

图 2-56 野牡丹

图 2-57 地菍

图 2-58 草龙

2.5.21 伞形科 Umbelliferae/Apiaceae

1. 直立草本；叶全为一回羽状复叶；植株无强烈气味；总花梗长 3～9cm；果长 2～3.5mm，果棱木栓质，油管明显 ……………………………………………… 水芹 *Oenanthe javanica*（图 2-59）
1. 匍匐草本；叶全为单叶。
   2. 总苞片无或小；花瓣镊合状排列；心皮有纵棱 3 条；花序单生于茎节上；叶圆形或肾形，直径 0.5～2cm，不分裂或 5～7 裂………………… 天胡荽 *Hydrocotyle sibthorpioides*（图 2-60）
   2. 总苞片明显；花瓣覆瓦状排列；心皮有纵棱 5 条；花序单生或数个簇生于叶腋；叶圆形或肾形，直径 2～4(～6)cm，从不分裂 …………………… 积雪草 *Centella asiatica*（图 2-61）

2.5.22 马钱科 Loganiaceae

白背枫(*Buddleja asiatica*：图2-62）木本。植株均密被灰色或淡黄色星状短绒毛。叶对生，狭椭圆形、披针形或长披针形，上面绿色，下面淡绿色；侧脉羽状，上面扁平，下面凸起。总状花序窄而长，由多个小聚伞花序组成，单生或者3至数个聚生于枝顶或上部叶腋内，再排列成圆锥花序；花冠芳香，白色，有时淡绿色，花冠管长3～6mm。蒴果2瓣裂。

图2-59 水芹

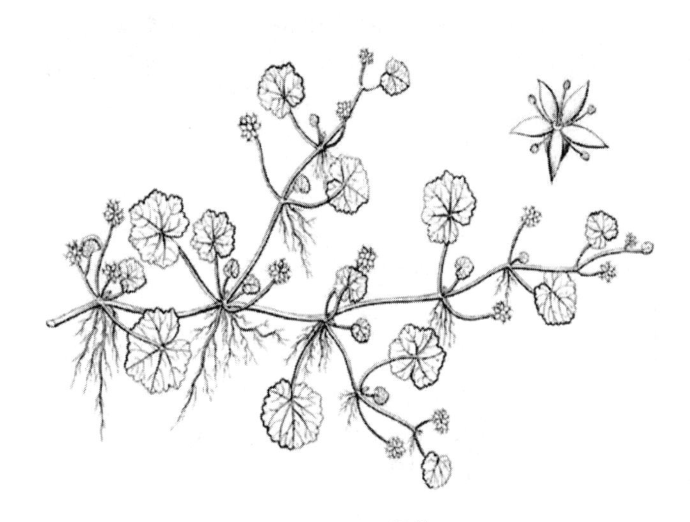

图2-60 天胡荽

图2-61 积雪草

图2-62 白背枫

2.5.23 茜草科 Rubiaceae

1. 草本。
  2. 果每室有1粒种子；托叶与叶柄合生成鞘；花多朵簇生于托叶鞘内。
    3. 花冠相对较小，筒部加裂片0.5~1mm，花冠筒短于、等于或稍长于萼裂片；萼裂片2或4；成熟果0.6~1.1mm×0.3~1mm；种皮明显被多数细小的横向条纹或脊；茎棱具狭翅 ······························ 二萼丰花草 *Spermacoce exilis*（图2-63）
    3. 花冠较大，管长0.5~10mm，长于萼裂片；萼裂片4；成熟果1~5mm×1~3.5mm。
      4. 果1~2mm×1~1.5mm；叶线形长圆形或狭椭圆形，宽2.5~16mm；花冠筒0.5~1.5mm。
        5. 叶线形长圆形，宽2.5~6mm；种子表面光滑 ··· 丰花草 *Spermacoce pusilla*（图2-64）
        5. 叶片狭椭圆形到披针形，宽4~16mm；种子具皱纹和不规则的横向深槽 ······························ 光叶丰花草 *Spermacoce remota*（图2-65）
      4. 果2.2~5mm×1.5~3.5mm；叶片椭圆形，卵状长圆形，长圆状椭圆形，倒卵形，或匙形，宽3~40mm。
        6. 叶片椭圆形或卵状长圆形，通常是最宽处在近中部，12~75mm×6~40mm；植物通常干燥呈淡黄绿色；花冠筒2~3mm ··········· 阔叶丰花草 *Spermacoce alata*（图2-66）
        6. 叶片长圆状椭圆形，倒卵形或匙形，通常最宽处在中部以上，10~30mm×3~18mm；植物通常干燥呈暗绿色至灰；花冠管漏斗状，2.5~4.5mm ······························ 糙叶丰花草 *Spermacoce hispida*（图2-67）
  2. 果每室2至多粒种子；托叶分离或基部联合成鞘状。
    7. 果不开裂、迟裂、仅顶端开裂，果皮疏被毛或近无毛；聚伞花序密集成头状，腋生；叶长3~9cm，宽1~2.5cm，平滑或粗糙；托叶鞘顶端5~7裂 ······························ 耳草 *Hedyotis auricularia*（图2-68）
    7. 果室间或室背开裂。
      8. 总花梗纤细如丝，长5~10mm；花2~4朵排成小伞形花序 ······························ 伞房花耳草 *Hedyotis corymbosa*（图2-69）
      8. 无总花梗；花单生或双生与叶腋，具略粗花梗，长2~3(~5)mm ······························ 白花蛇舌草 *Hedyotis diffusa*（图2-70）
1. 藤本；茎叶揉之有臭气 ······························ 鸡矢藤 *Paederia scandens*（图2-71）

图 2-63　二萼丰花草

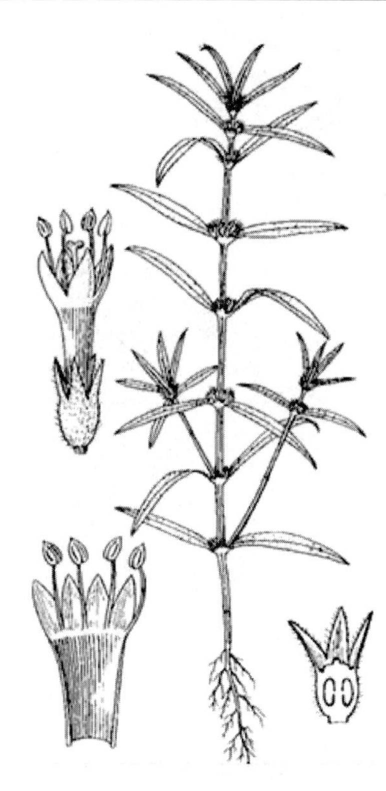

图 2-64　丰花草

图 2-65　光叶丰花草

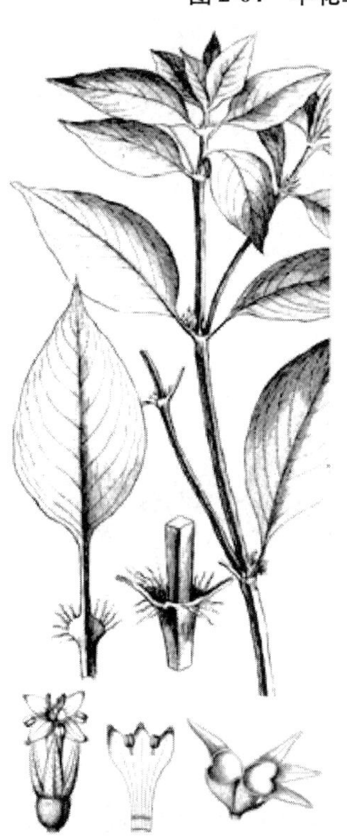

图 2-66　阔叶丰花草

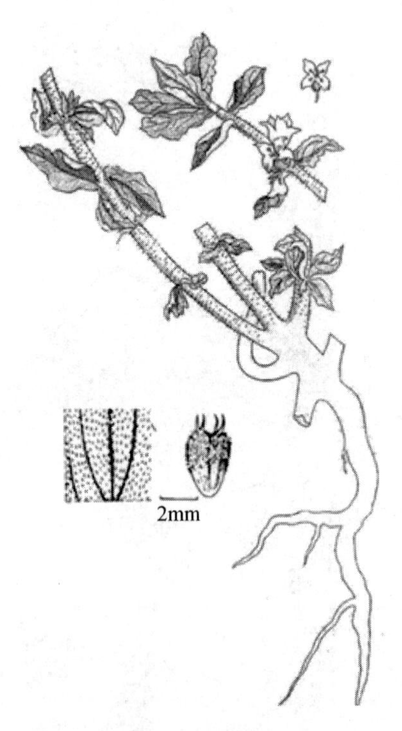

图 2-67 糙叶丰花草

图 2-68 耳草

图 2-69 伞房花耳草

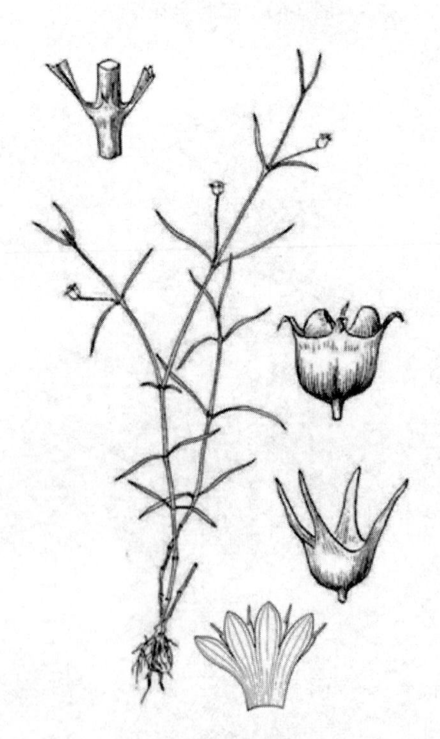

图 2-70 白花蛇舌草

图 2-71　鸡矢藤

图 2-72　打碗花

2.5.24　旋花科 Convolvulaceae

1. 柱头 2 裂，非球形；萼片近等长。
   2. 苞片紧贴且包藏花萼；平卧草本；茎上部叶近三角形、3 裂，基部心形或箭形；花冠长 2～3cm ………………………… 打碗花 *Calystegia hederacea*（图 2-72）
   2. 苞片远离花萼；缠绕草本；叶卵状长圆形至披针形，叶基心形或箭形；花冠长 1.5～2.6cm ………………………… 田旋花 *Convolvulus arvensis*（图 2-73）
1. 柱头球形；萼片近等长或不等长。
   3. 花冠漏斗状，淡紫色，纵带有 2 条纵脉，长 5～7cm；叶 5～7 掌状全裂 ………………………… 五爪金龙 *Ipomoea cairica*（图 2-74）
   3. 花冠钟状，黄色，纵带有 5 条纵脉，长 0.5～1cm；叶全缘，卵形，顶端溅尖，具短尖头 ………………………… 鱼黄草 *Merremia hederacea*（图 2-75）

2.5.25　紫草科 Boraginaceae

1. 花冠裂片旋转状排列；小坚果非四面体形，长 1～1.2mm，具 1 层杯状凸起；冠檐直径 2.5～3mm ………………………… 柔弱斑种草 *Bothriospermum tenellum*（图 2-76）
1. 花冠裂片覆瓦状排列；小坚果四面体形，长 0.8～1mm，被短毛或无毛；冠檐直径 1.5～2.5mm ………………………… 附地菜 *Trigonotis peduncularis*（图 2-77）

图 2-73 田旋花

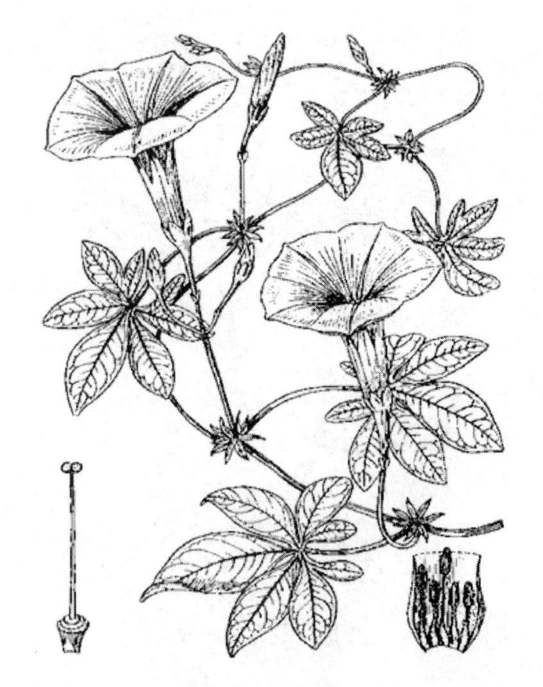

图 2-74 五爪金龙

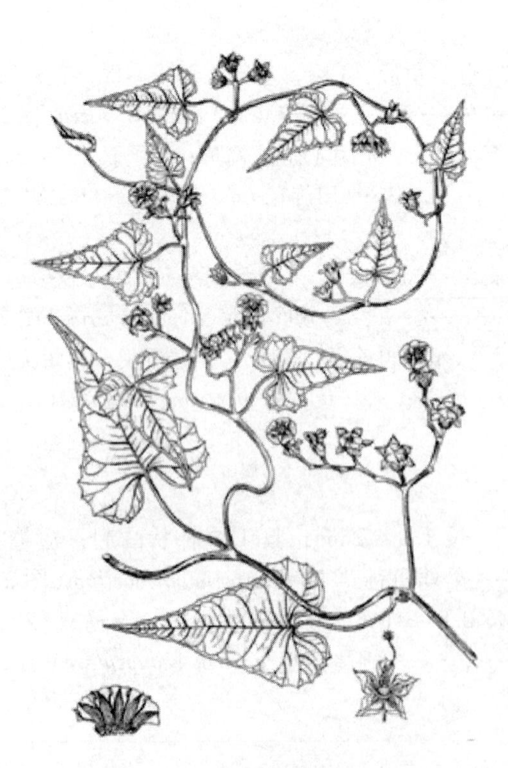

图 2-75 鱼黄草

图 2-76 柔弱斑种草

图 2-77　附地菜

图 2-78　荔枝草

2.5.26　唇形科 Labiatae/Lamiaceae

1. 能育雄蕊2，花药与花丝间有关节；花冠长4～6mm，冠筒内有毛环；单叶，披针形，超过宽的2倍 ………………………………………………………… 荔枝草 *Salvia plebeia*(图2-78)
1. 能育雄蕊4，花药与花丝间无关节。
   2. 花萼二唇形，上唇3齿较短，下唇2齿较长；花柱顶端极不相等2裂。
      3. 轮伞花序腋生，苞叶大，叶状；2对雄蕊均能育 … 风轮菜 *Clinopodium chinense*(图2-79)
      3. 轮伞花序组成顶生总状花序，苞叶小，苞片状；前对雄蕊能育 …………………………………………………………… 细风轮菜 *Clinopodium gracile* (图2-80)
   2. 花萼钟形，萼齿等长；花柱顶端2裂相等；前对雄蕊具2平行的药室，后对雄蕊药室退化为1室 ……………………………………………… 广防风 *Anisomeles indica*(图2-81)

2.5.27　茄科 Solanaceae

少花龙葵(*Solanum americanum*：图2-82) 叶薄，卵形至卵状长圆形，两面均具疏柔毛，有时下面近于无毛。花序近伞形，纤细，着生1～6朵花，花小，直径约7mm；花冠白色；花丝极短，花药黄色，约为花丝长度的3～4倍。浆果球状，直径约5mm。

图 2-79 风轮菜

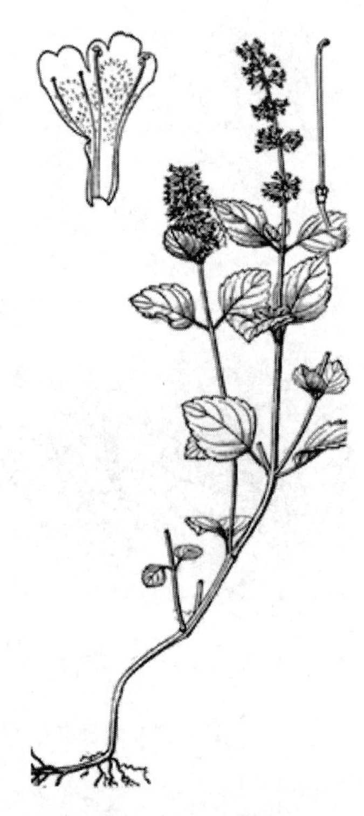

图 2-80 细风轮菜

图 2-81 广防风

图 2-82 少花龙葵

2.5.28　玄参科 Scrophulariaceae

1. 花冠唇形，两侧对称。
  2. 花萼深裂几达基部；果柱形，远长于花萼。
    3. 叶卵形或三角状卵形，叶无柄或具短柄，叶缘具波状齿；雄蕊 4 枚均全能育 ………………………… 长蒴母草 *Lindernia anagallis*(图 2-83)
    3. 叶长圆形至线状长圆形；叶具柄，叶缘锐锯齿；雄蕊仅后方 2 枚能育 ………………………… 旱田草 *Lindernia ruellioides*(图 2-84)
  2. 花萼钟状，分裂至中部。
    4. 茎四棱形；基部节间长，无基生叶；叶缘粗锯齿；花以单生为主 ………………………… 母草 *Lindernia crustacea*(图 2-85)
    4. 茎圆柱形；基部节密集，基生叶常排成莲座状；叶缘具波状疏齿；花 3 ~ 10 朵排成顶生圆锥花序 ………………………… 通泉草 *Mazus japonicas*(图 2-86)
1. 花冠辐射或近辐射对称。
  5. 花单生或成对生于叶腋；雄蕊 4 枚；茎多分枝，有棱或狭翅 ………………………… 野甘草 *Scoparia dulcis*(图 2-87)
  5. 花形成总状花序，腋生；雄蕊 2 枚；茎不分枝，无棱或翅 ………………………… 水苦荬 *Veronica undulata*(图 2-88)

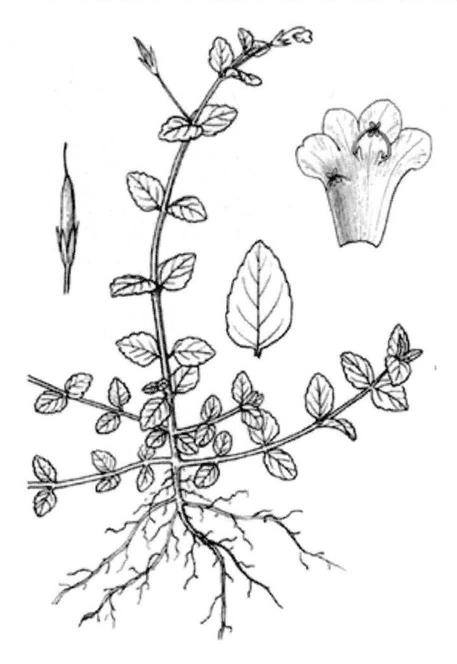

图 2-83　长蒴母草

图 2-84　旱田草

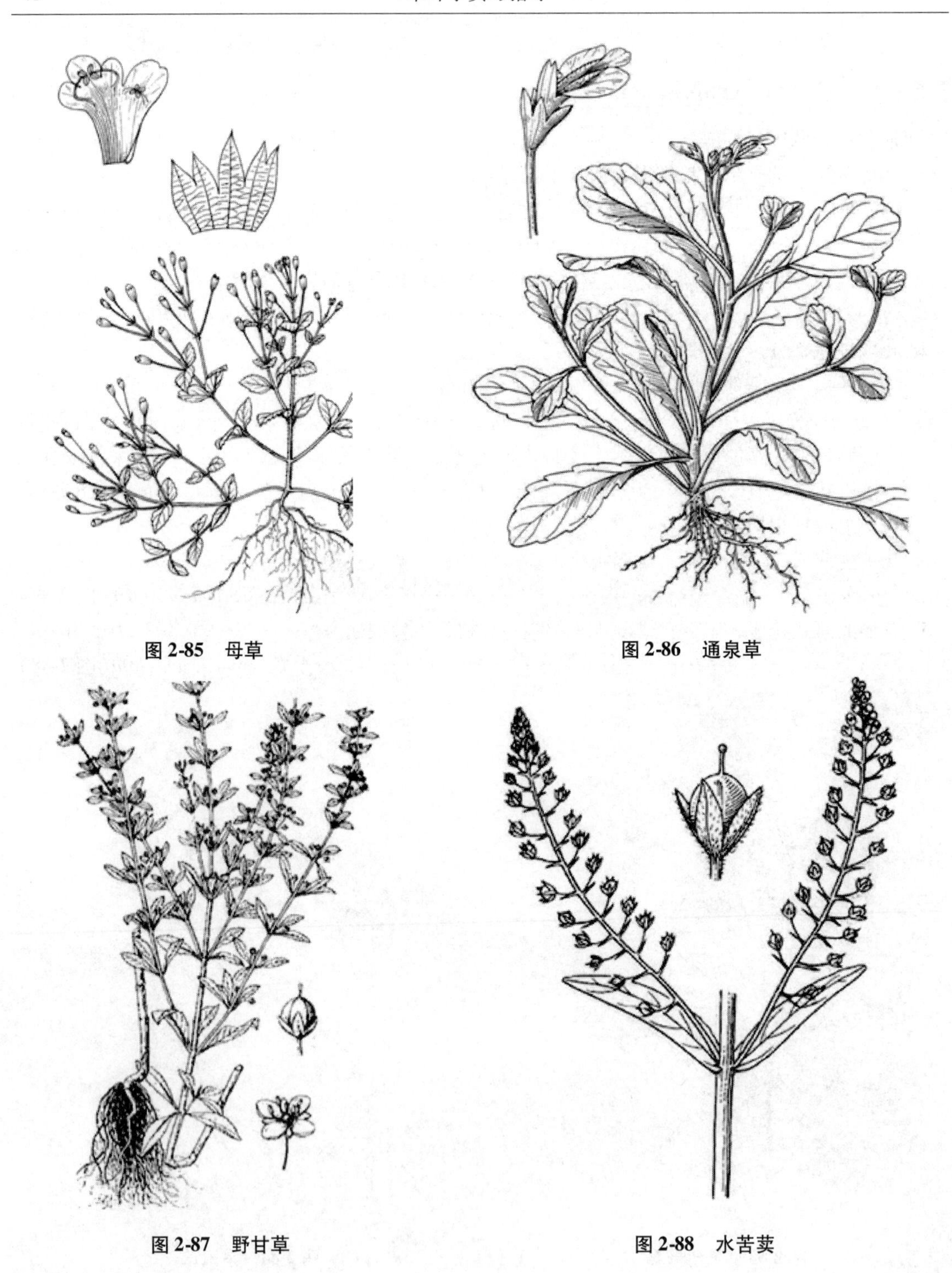

图 2-85 母草

图 2-86 通泉草

图 2-87 野甘草

图 2-88 水苦荬

2.5.29 爵床科 Acanthaceae

1. 花冠二唇形。
   2. 子房每室具多数胚珠；总状花序集成大形圆锥花序；雄蕊伸出花冠之外；叶披针形 ………
   ………………………………………………………… 穿心莲 *Andrographis paniculata*（图 2-89）

2. 子房每室具 3 粒胚珠；聚伞花序腋生或顶生；雄蕊短于唇片；叶卵形或阔卵形 ………………………………………………………………………… 狗肝菜 *Dicliptera chinensis*（图 2-90）

1. 花冠 5 裂，裂片近等长；花丝基部有薄膜相连；能育雄蕊 2 枚；叶两面被毛；花萼裂片具睫毛 ……………………………………………………………… 山一笼鸡 *Strobilanthes aprica*（图 2-91）

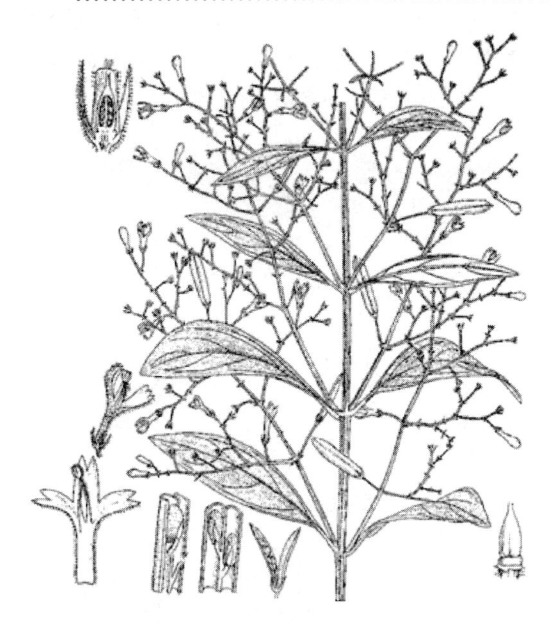

图 2-89　穿心莲

图 2-90　狗肝菜

图 2-91　山一笼鸡

2.5.30 车前科 Plantaginaceae

车前(*Plantago asiatica*：图 2-92) 须根多数。叶基生呈莲座状；叶片薄纸质或纸质，宽卵形至宽椭圆形，长不及宽的 2 倍；脉 3～7 条。穗状花序细圆柱状。萼片龙骨突不延至顶端，前对萼片椭圆形，龙骨突较宽，两侧片稍不对称，后对萼片宽倒卵状椭圆形或宽倒卵形。花冠白色，于花后反折。花药白色，干后变淡褐色。蒴果于基部上方周裂。

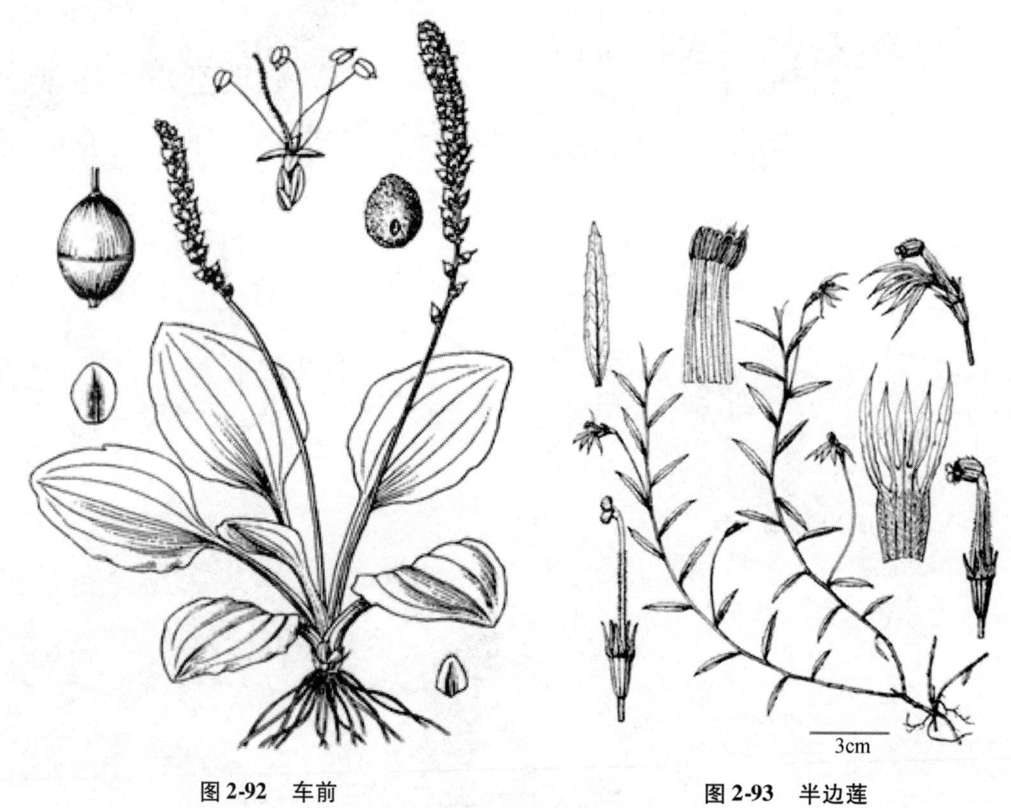

图 2-92 车前　　图 2-93 半边莲

2.5.31 桔梗科 Campanulaceae

半边莲(*Lobelia chinensis*：图 2-93) 茎细弱，匍匐，节上生根。叶互生 2 列，披针形至条形，长 5～25mm，宽 2～6mm。花通常 1 朵，生于分枝上部叶腋；花萼筒基部渐细而与花梗无明显区分；花冠粉红色或白色，背面裂至基部，喉部以下生白色柔毛，裂片全部平展于下方，2 侧裂片较长，中间 3 枚裂片较短；花丝中部以上连合。蒴果倒锥状。

2.5.32 菊科 Compositae／Asteraceae

1. 头状花序全为管状花或中央为管状花；植株无乳汁。
   2. 花药基部钝或微尖；叶对生或互生。
      3. 花柱分枝非圆柱形，上端无棒槌状附属体。
         4. 花柱分枝通常平，上端无或有尖或三角形的附属体，有时分枝钻形。

5. 花萼膜片状、芒状、冠状或无。
 6. 总苞片叶质(向日葵族)。
  7. 叶互生；头状花序仅含单性花；雌头状花序总苞片合生，内含2花，花后总苞变硬，具钩状刺；果时总苞长1.2~1.5cm … 苍耳 *Xanthium sibiricum*(图2-94)
  7. 叶对生。
   8. 花序托片折合，全包裹两性花；总苞2层；花黄色；叶缘有1~3对疏齿，总苞片长于托片；瘦果顶端有冠毛环 ……… 蟛蜞菊 *Wedelia chinensis*(图2-95)
   8. 花序托片不对折，常不包裹两性花。
    9. 花萼缺如；总苞片2层，外层长棒状，有腺毛；叶三角状卵形边缘具浅裂片或粗锯齿 …………………………… 豨莶草 *Siegesbeckia orientalis*(图2-96)
    9. 花萼变态为细齿状、刺状或具倒刺芒状。
     10. 单叶对生；缘花舌片短，或不明显；盘花与缘花同色。
      11. 花序托圆锥状凸起；花萼变态为2~3条短细芒；茎匍匐或平卧；叶边缘常有尖锯齿或近缺刻 ……………………………………………………………………………………… 美形金钮扣 *Spilanthes callimorpha*(图2-97)
      11. 花序托不凸起。
       12. 总苞片2层；花全为白色；花萼为1~3细齿状 ……………………………………………………………………… 鳢肠 *Eclipta prostata*(图2-98)
       12. 总苞片数层；花全为黄色；花萼变态为2~5枚粗硬刺状 …………………………………………………… 金腰箭 *Synedrella nodiflora*(图2-99)
     10. 中部以上叶为羽状复叶，对生；缘花舌片长而宽大，缘花白色，盘花黄色；花萼变态为3~4枚硬刺芒状 ……………………………………………………………………………… 三叶鬼针草 *Bidens pilosa*(图2-100)
 6. 总苞片膜质或边缘干膜质(春黄菊族)。
  13. 直立草本或亚灌木；瘦果无冠毛；中央花结实；总苞片有绿色中肋；叶表面具白色腺点；叶1~2回羽状深裂或半裂 ………… 艾蒿 *Artemisia argyi*(图2-101)
  13. 铺地矮小草本。
   14. 叶羽状分裂；边缘雌花无花冠；瘦果扁平，边缘具翅，无毛或被长柔毛。
    15. 瘦果边缘具平展宽翅，无毛，翅上无横纹 ……………………………………………………………………………… 芫荽菊 *Cotula anthemoides*(图2-102)
    15. 瘦果边缘具厚翅，被长柔毛，翅下部有横皱纹 …………………………………………………………………………… 裸柱菊 *Soliva anthemifolia*(图2-103)
   14. 单叶，边缘有少数锯齿；边缘雌花花冠细管状；瘦果四棱形，棱上有毛 …………………………………………………… 石胡荽 *Centipeda minima*(图2-104)
5. 花萼通常毛状(千里光族)。
 16. 总苞片1层，与花等长或稍短；茎中下部叶长5~10cm，琴状分裂或不分裂而边缘有锯齿，上部叶基部抱茎 ………………… 一点红 *Emilia sonchifolia*(图2-105)
 16. 总苞2层，外层短小，线形；叶基部常下延成狭翅，不抱茎；叶片常羽状分裂 …………………………………… 野茼蒿 *Crassocephalum crepidioides*(图2-106)
4. 花柱分枝通常一面平、一面凸，上端有尖或三角形的附属体(紫菀族)。

17. 头状花序缘花舌片显著。

18. 缘花 2 层；总苞片 4 ~ 7 层；冠毛 1 层，毛干被微小糙毛；叶具 3 ~ 4 对侧脉 ……………………………………………… 白舌紫菀 *Aster baccharoides*(图 2-107)

18. 缘花 1 层；总苞片 3 层；冠毛 2 层，外层膜片状，内层刚毛状 ……………………………………………………… 一年蓬 *Erigeron annuus*(图 2-108)

17. 头状花序缘花舌片短小，不显著；雌花花冠细管状；茎被长硬毛；中部叶宽 1cm 以上，边缘无硬毛；头状花序直径 5 ~ 8mm …… 小蓬草 *Conyza canadensis*(图 2-109)

3. 花柱分枝圆柱形，上端有棒槌状附属体；花萼膜片状，5 ~ 6 片；总苞片边缘栉齿状或缘毛状撕裂；叶基部宽楔形 ……………………………… 藿香蓟 *Ageratum conyzoides*(图 2-110)

2. 花药基部具长尾尖，叶互生。

19. 花柱分枝细长钻形；头状花序全为管状花；头状花序具总花梗；总苞片 4 ~ 6 层。

20. 叶背面及总苞片背面被较长柔毛，瘦果具 4 ~ 5 棱，冠毛 1 层，糙毛状；叶长 2 ~ 7(~ 9)cm，侧脉 4 ~ 5 对 …………………………………… 咸虾花 *Vernonia patula* (图 2-111)

20. 叶背及总苞片背面被短柔毛；瘦果具 10 纵肋或无肋；冠毛 2 层；叶长 3 ~ 6. 5cm，具 3 ~ 4 侧脉 ……………………………………………… 夜香牛 *Vernonia cinerea*(图 2-112)

19. 花柱分枝非细长钻形。

21. 花柱顶端有稍膨大而被毛的节；头状花序全部为管状花(菜蓟族)。

22. 总苞片顶端有刺，背部无附片；头状花序含异型花；瘦果无纵肋；冠毛多层，羽毛状；叶椭圆形至披针形，叶缘有细密针刺 ……… 刺儿菜 *Cirsium setosum*(图 2-113)

22. 总苞片顶端无刺，背面有鸡冠状凸起的附片；头状花序全为管状花；瘦果具 15 条纵肋；冠毛 2 层内层膜片状；叶缘无针刺 ……… 泥胡菜 *Hemistepta lyrata* (图 114)

21. 花柱顶端无被毛的节；头状花序含有异型花；缘花具舌片(旋覆花族)。

23. 瘦果无冠毛；头状花序腋生；总苞片 4 ~ 6 层；叶倒卵形，边缘有不明显的粗锯齿 ……………………………………………………… 球菊 *Epaltes australis*(图 2-115)

23. 瘦果有冠毛；头状花序在茎端排成密集的伞房花序状聚伞花序；总苞片 2 ~ 4 层；茎中下部叶宽 1 ~ 1. 5cm ……………………… 鼠麹草 *Gnaphalium affine*(图 2-116)

1. 头状花序全为舌状花；植株通常有乳汁(菊苣族)。

24. 叶基生莲座状排列；头状花序单生于花葶顶端；瘦果中部以上有小瘤状突起 ……………………………………………………………… 蒲公英 *Taraxacum mongolicum* (图 2-117)

24. 叶茎生或基生；头状花序非单生；瘦果平滑。

25 头状花序有花 80 朵以上；冠毛为极细的柔毛；瘦果极其压扁。

26. 茎下部叶长圆状倒披针形，边缘不规则波状浅裂，基部半抱茎 ……………………………………………………… 苣荬菜 *Sonchus arvensis*(图 2-118)

26. 茎下部叶长圆状披针形，羽状深裂，裂片边缘具软刺毛状尖齿，中部叶基部常为尖耳状抱茎 ………………………………………… 苦苣菜 *Sonchus oleraceus*(图 2-119)

25. 头状花序有花 25 朵以下；冠毛较粗壮；瘦果稍扁；舌状花黄色；茎生叶极小，1 ~ 2 片，或无茎生叶 ……………………………………… 黄鹌菜 *Youngia japonica*(图 2-120)

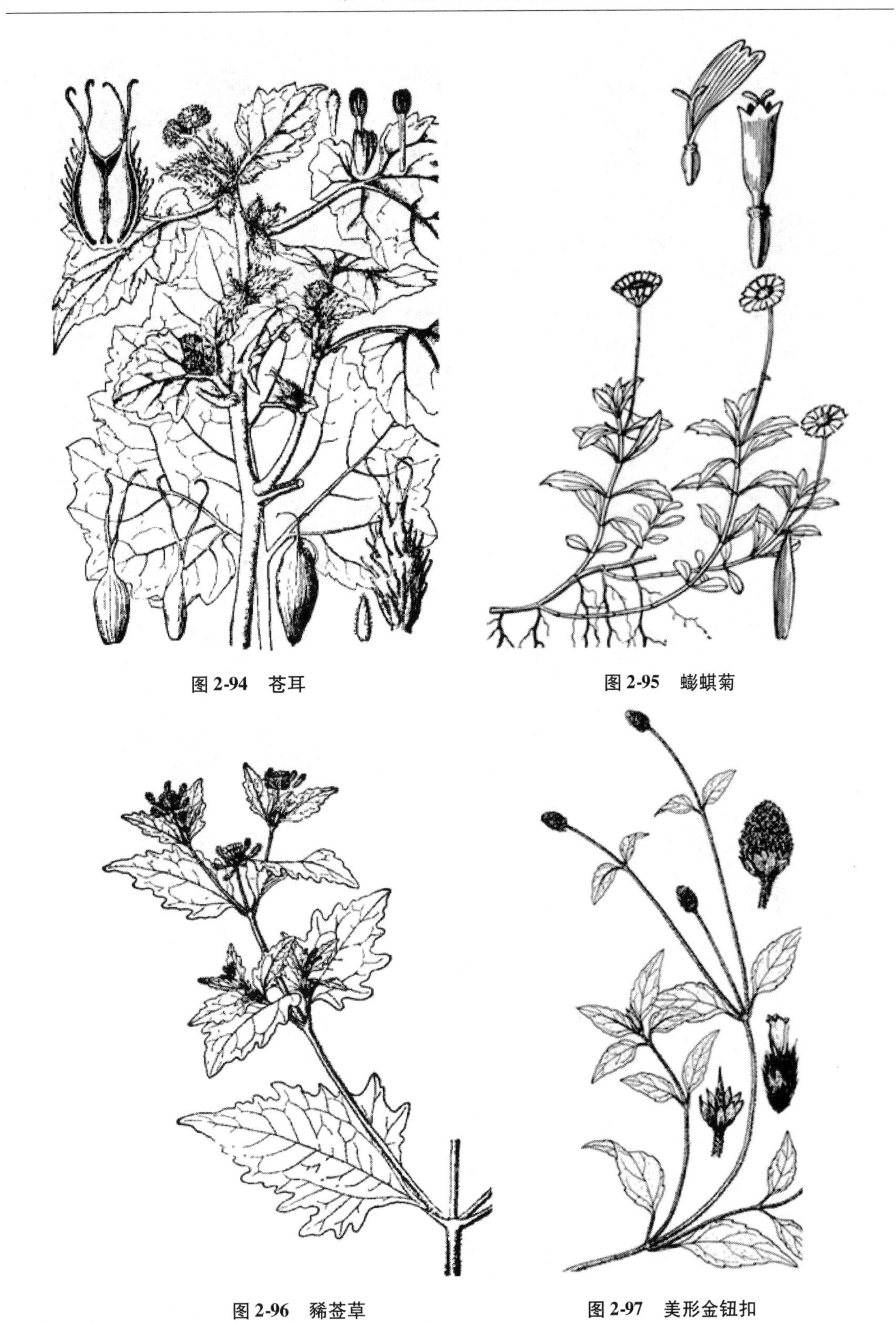

图 2-94　苍耳

图 2-95　蟛蜞菊

图 2-96　豨莶草

图 2-97　美形金钮扣

图 2-98 鳢肠

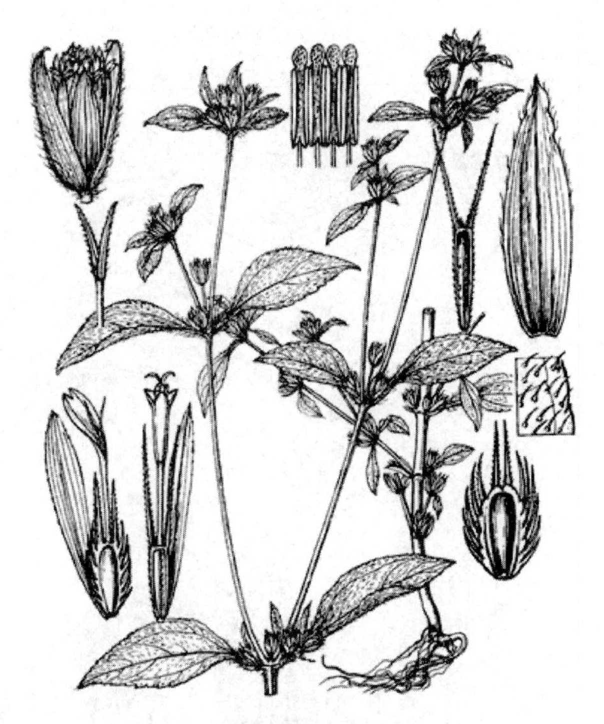

图 2-99 金腰箭

图 2-100 三叶鬼针草

图 2-101 艾蒿

图 2-102　芫荽菊

图 2-103　裸柱菊

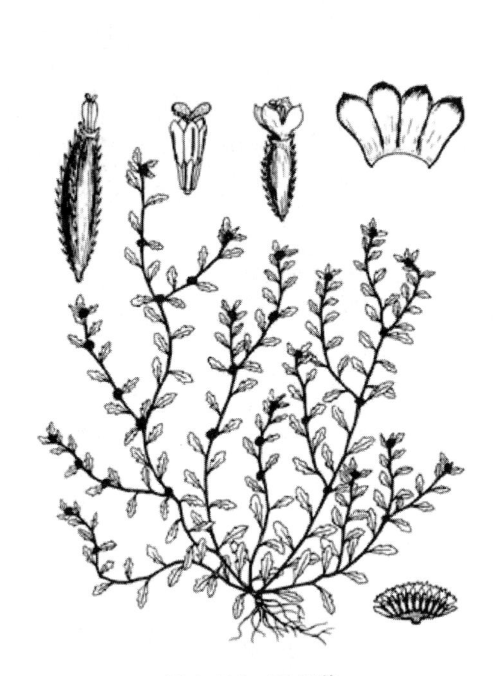

图 2-104　石胡荽

图 2-105　一点红

图 2-106 野茼蒿

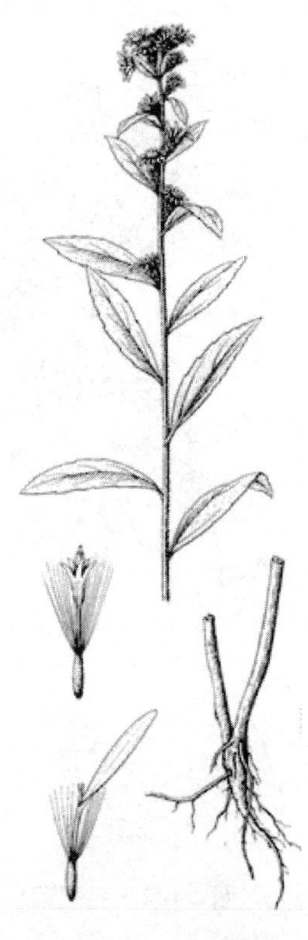

图 2-107 白舌紫菀

图 2-108 一年蓬

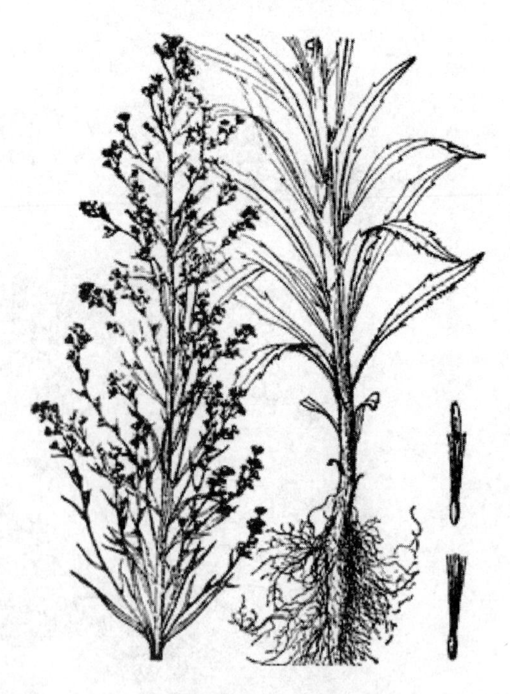

图 2-109 小蓬草

图 2-110　藿香蓟

图 2-111　咸虾花

图 2-112　夜香牛

图 2-113　刺儿菜

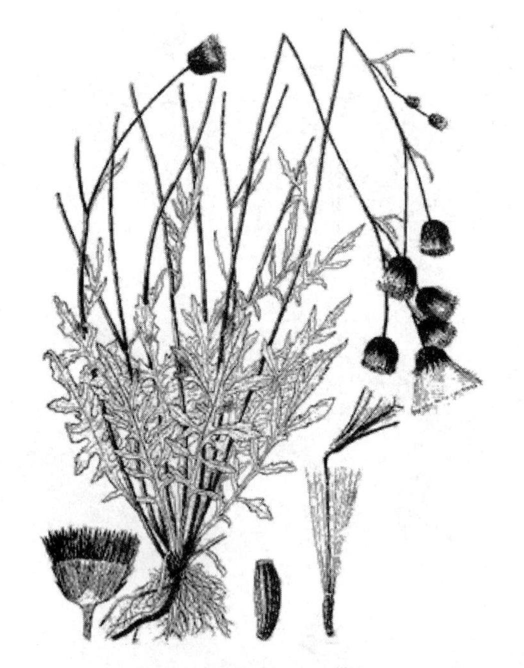

图 2-114 泥胡菜

图 2-115 球菊

图 2-116 鼠麴草

图 2-117 蒲公英

图 2-118　苣荬菜

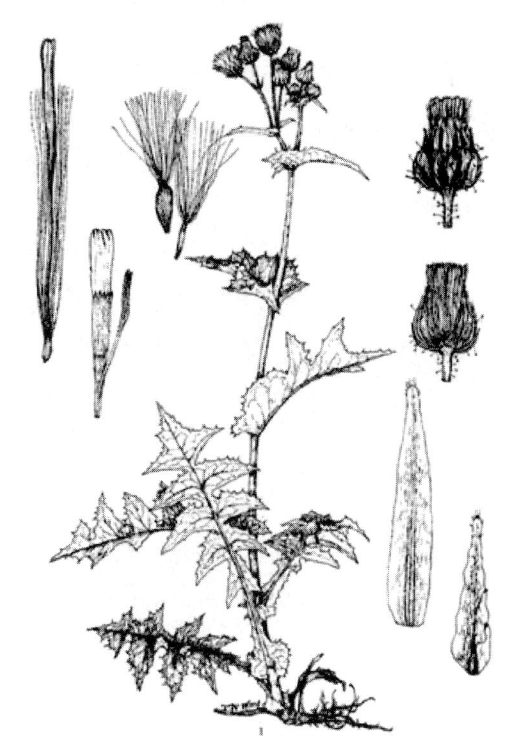

图 2-119　苦苣菜

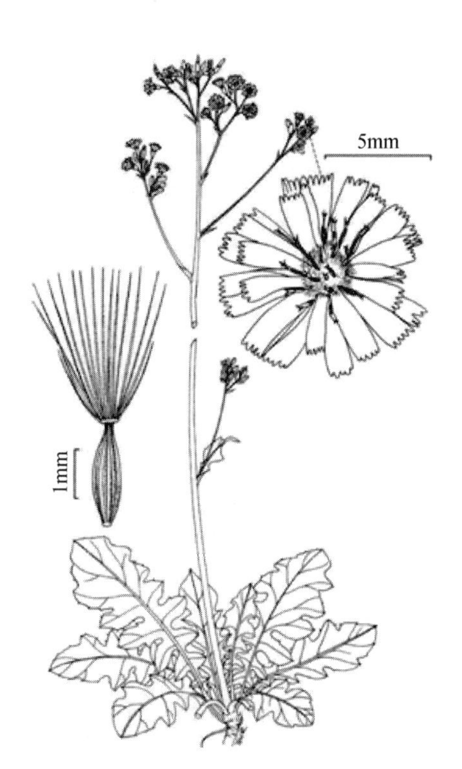

图 2-120　黄鹌菜

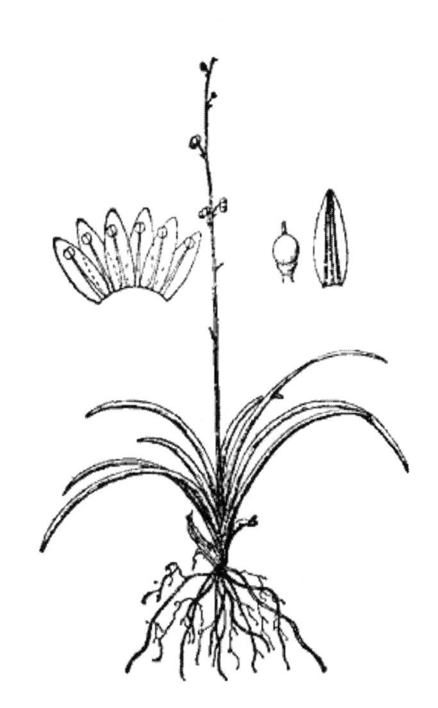

图 2-121　小花吊兰

2.5.33 百合科 Liliaceae

小花吊兰(*Chlorophytum laxum*：图 2-121）叶近两列着生，禾叶状。花葶从叶腋抽出，常 2～3 个，纤细，有时分叉；花单生或成对着生，绿白色，很小；花被片长约 2mm。蒴果三棱状扁球形。

2.5.34 鸭跖草科 Commelinaceae

1. 总苞片折叠或呈漏斗状；花瓣 3，离生，后方 2 片较大，前方 1 片常退化；能育雄蕊 3 枚。
   2. 总苞片下缘连合，漏斗状；蒴果 3 爿裂，每室 2 粒种子；叶卵形，长 3～7cm，具叶柄 …………………………………………………………… 饭包草 *Commelina bengalensis*(图 2-122)
   2. 总苞片边缘分离，基部心形或浑圆。
      3. 蒴果 2 室；总苞片心形，长 1.2～2.5cm ………… 鸭跖草 *Commelina communis*(图 2-123)
      3. 蒴果 3 室；总苞片卵状披针形，长 2～5cm ………… 竹节草 *Commelina diffusa*（图 2-124)
1. 总苞片平展，较小；花瓣 3，离生，近相等；能育雄蕊 2 枚；花排成头状聚伞花序，有明显的总梗；蒴果每室有 2 粒种子；种子有窝孔 ………… 裸花水竹叶 *Murdannia nudiflora*(图 2-125)

图 2-122 饭包草

图 2-123 鸭跖草

图 2-124　竹节草

图 2-125　裸花水竹叶

2.5.35　禾本科 Gramineae/ Poaceae

1. 小穗含 1 至数朵小花(若为 2 朵，则全能结实)，脱节于颖之上；小穗轴延伸于顶生小花之外。
   2. 小穗含 2 至多数结实小花。
      3. 圆锥花序。
         4. 圆锥花序紧缩呈线形柱状；外稃具明显 1 脉；囊果裸露；花序分枝短而坚硬…………………………………………………………………… 鼠尾粟 *Sporobolus fertilis*（图 2-126）
         4. 圆锥花序开展；外稃具明显 3 脉；内稃脊上有长纤毛；颖果藏于稃体内。
            5. 小花随小穗轴关节逐节脱落；花序分枝和小穗柄上有腺点……………………………………………………………… 鲫鱼草 *Eragrostis tenella*(图 2-127)
            5. 小花不随小穗轴节间脱落；植株不具腺体，但花序分枝腋内具长柔毛…………………………………………………………… 画眉草 *Eragrostis pilosa*(图 2-128)
      3. 小穗排列于穗轴一侧形成穗状花序，然后在主轴顶端呈指状排列。
         6. 穗状花序轴不延伸于顶生小穗之外；外稃无芒；穗状花序长 3～10cm；囊果卵形……………………………………………………………… 牛筋草 *Eleusine indica*(图 2-129)
         6. 穗状花序轴延伸于顶生小穗之外；外稃顶端有小尖头或短芒；穗状花序长 1～4cm；囊果球形…………………………………… 龙爪茅 *Dactyloctenium aegyptium*(图 2-130)
   2. 小穗含 1 朵结实小花；穗状花序 2 至数枚呈指状簇生于主轴顶端；外稃无芒，较颖长……………………………………………………………… 狗牙根 *Cynodon dactylon*(图 2-131)
1. 小穗含 2 朵小花，脱节于颖之下；第一小花不结实，第二小花可育；小穗轴不延伸。

7. 花序上具有1至多数刚毛；小穗脱落时，刚毛宿存；圆锥花序紧缩呈穗状，每小枝具3枚以上成熟小穗；第二颖与第二外稃等长 …………………… 狗尾草 *Setaria viridis*(图2-132)
7. 花序无不育小枝形成的刚毛。
 8. 小穗单生(若孪生则同形)。
  9. 小穗排列于花序分枝的一侧。
   10. 颖或外稃具芒。
    11. 小穗背腹压扁；圆锥花序开展，且多次分枝；颖无芒，脉上具疣基毛；第一小花外稃芒长0.5～1.5mm ……………………… 稗 *Echinochloa crus-galli*(图2-133)
    11. 小穗两侧压扁；第一颖具长芒，第二颖具短芒或无芒；花序分枝长2～6cm，小穗孪生 ……………………………………… 竹叶草 *Oplismenus compositus* (图2-134)
   10. 颖和外稃兼无芒。
    12. 第二外稃厚纸质或软骨质，边缘膜质，不内卷；小穗常孪生；第一颖微小，侧脉粗糙 ……………………………………………… 马唐 *Digitaria sanguinalis*(图2-135)
    12. 第二外稃坚硬，边缘内卷，背面近轴生。
     13. 第二颖背面被短柔毛或边缘被长丝状柔毛；总状花序2枚，并生枝顶。
      14. 小穗长1.5～1.8mm，近圆形；总状花序长6～12cm；穗轴细软 …………… …………………………………………… 两耳草 *Paspalum conjugatum*(图2-136)
      14. 小穗长3～3.5mm，椭圆形；总状花序长3～5cm；穗轴硬直 ……………… ……………………………………… 双穗雀稗 *Paspalum distichum* (图2-137)
     13. 第二颖背面无毛，明显具中脉；小穗长2～3mm；小穗常成对着生，第一外稃3～5脉 ……………… 圆果雀稗 *Paspalum scrobiculatum* var. *orbiculare*(图2-138)
  9. 小穗非排列于花序分枝的一侧。
   15. 小穗两侧压扁；第一外稃顶端不具芒；圆锥花序开展；小穗柄远长于小穗；植株被毛；叶长3～8cm，宽3～10mm ……………… 弓果黍 *Cyrtococcum patens*(图2-139)
   15. 小穗背腹压扁。
    16. 圆锥花序开展；第二颖等长或稍短于小穗，具7脉；第一颖长为小穗的1/3以下；颖果平滑；植株具地下茎 ………………… 铺地黍 *Panicum repens*(图2-140)
    16. 圆锥花序紧缩成穗状；第二颖背部圆凸呈浅囊状，具7～11脉；第一颖长为小穗的1/3以上；植株无地下茎…………………… 囊颖草 *Sacciolepis indica*(图2-141)
 8. 小穗成对着生，一有柄，一无柄。
  17. 成对小穗同形，兼能育。
   18. 圆锥花序紧缩呈穗状；穗轴无关节；小穗无芒；小穗基部柔毛长于小穗3倍以上；第二小花具2枚雄蕊 ……………………………… 白茅 *Imperata cylindrica*(图2-142)
   18. 总状花序单生；穗轴有关节，每节具2枚小穗；小穗基盘毛与小穗近等长；小穗有芒；无柄小穗长1.3～2mm，第二小花具1枚雄蕊 ………………………………… ……………………………………………金丝草 *Pogonatherum crinitum*(图2-143)
  17. 成对小穗异形且异性。
   19. 总状花序呈圆锥状排列于秆顶；总状花序轴与小穗柄具浅槽，具1～5枚无柄小穗；无柄小穗第一颖背部亦具沟槽 ………… 细柄草 *Capillipedium parviflorum*(图2-144)
   19. 总状花序单生或孪生。

20. 总状花序孪生于枝顶；小穗对均具芒；无柄小穗第一颖脊上具翅，顶端圆，微凹 …………………………………………… 细毛鸭嘴草 *Ischaemum ciliare*(图 2-145)

20. 总状花序单生，退化至仅具 1 节；其下托以舟形佛焰苞；佛焰苞具小尖头；组成具佛焰苞的假圆锥花序 ……………………………… 水蔗草 *Apluda mutica*（图 2-146)

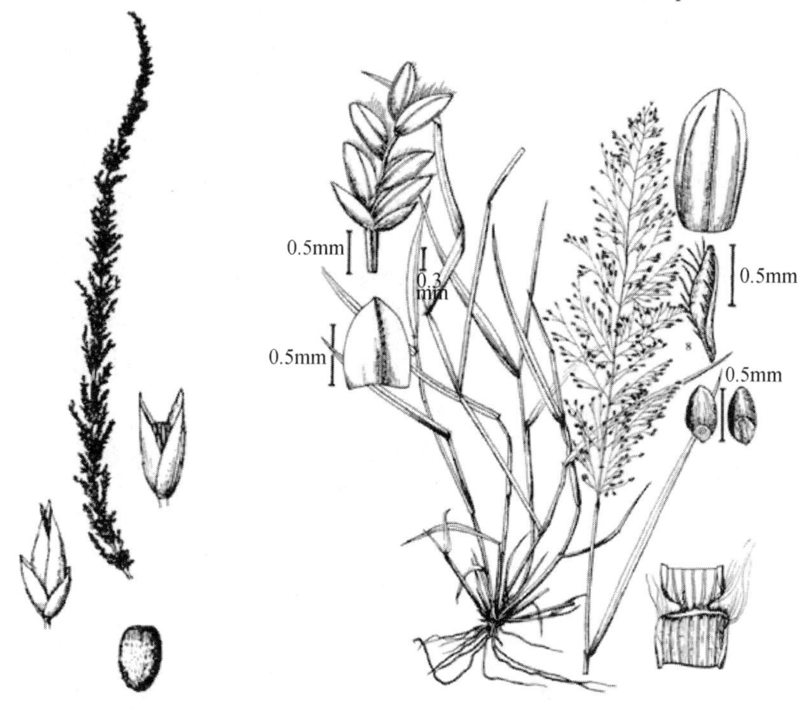

图 2-126　鼠尾粟

图 2-127　鲫鱼草

图 2-128　画眉草

图 2-129　牛筋草

图 2-130　龙爪茅

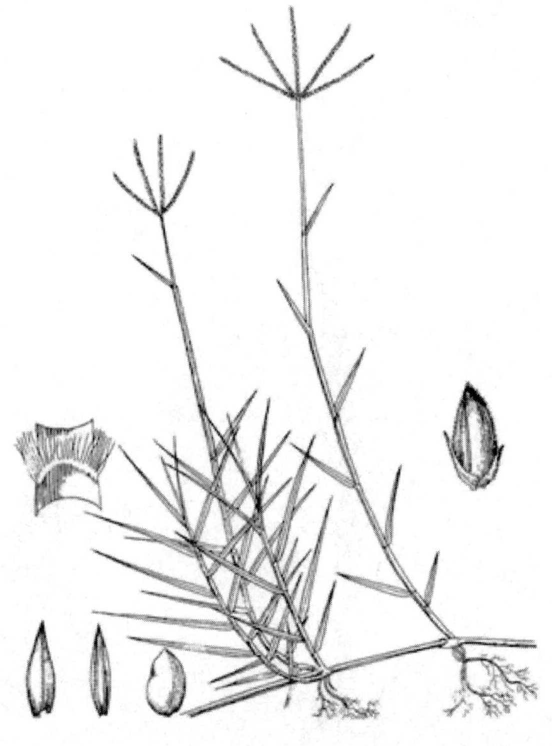

图 2-131　狗牙根

图 2-132　狗尾草

图 2-133　稗

图 2-134　竹叶草

图 2-135　马唐

图 2-136　两耳草

图 2-137　双穗雀稗

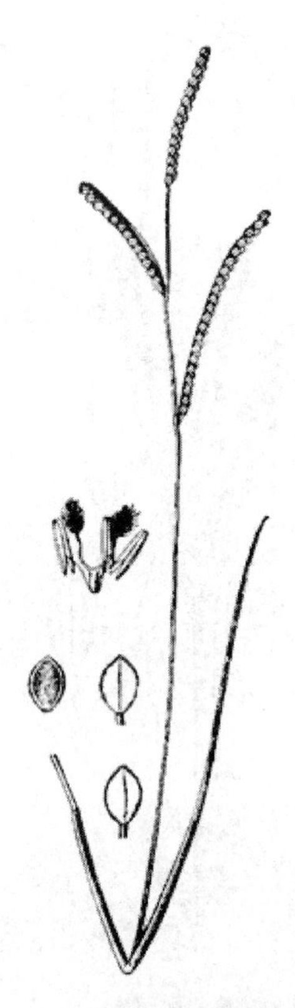

图 2-138　圆果雀稗

图 2-139　弓果黍

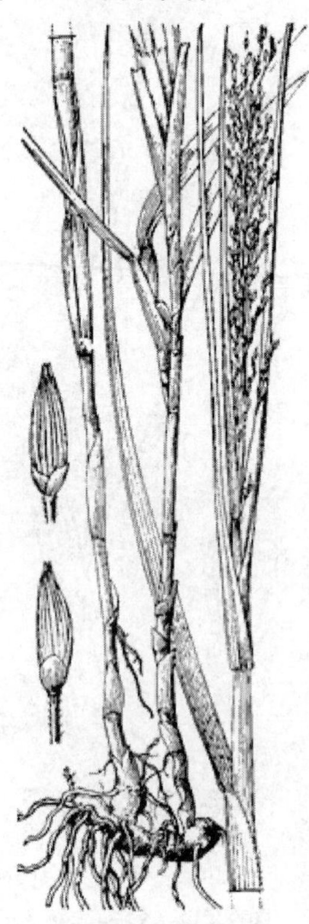

图 2-140　铺地黍

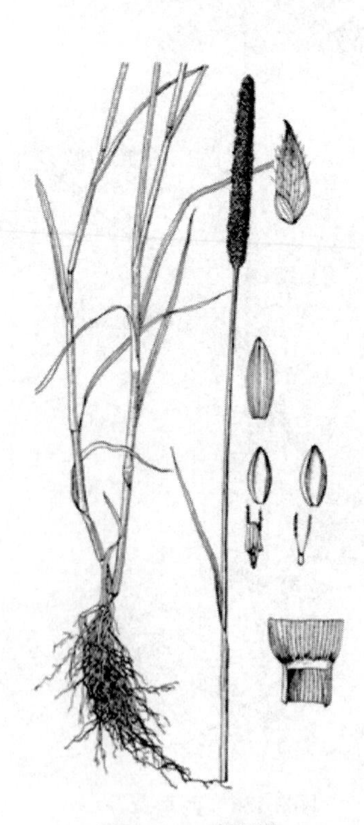

图 2-141　囊颖草

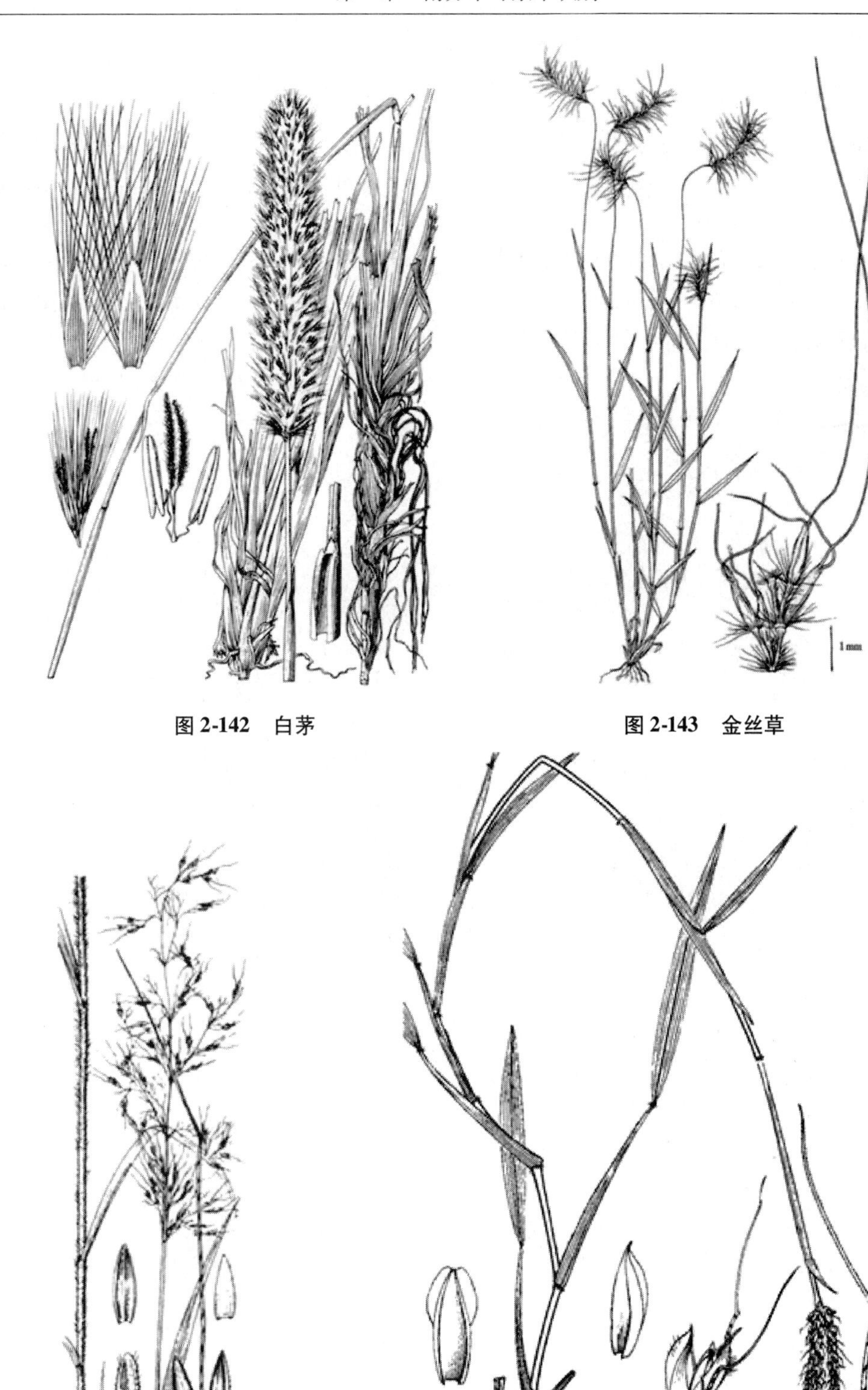

图 2-142　白茅

图 2-143　金丝草

图 2-144　细柄草

图 2-145　细毛鸭嘴草

2.5.36 天南星科 Araceae

1. 肉穗花序顶端无附属体；攀缘植物；叶两型，幼叶箭形或戟形，成长叶掌状5～9分裂；浆果联合成一聚合果 …………………………………… 合果芋 *Syngonium podophyllum*（图2-147）
1. 肉穗花序顶端有附属体。
   2. 佛焰苞喉部闭合；雌花序背面与佛焰苞合生；无中性花；一年生叶为单叶，2～3年生叶裂成3小叶 ………………………………………………………… 半夏 *Pinellia ternata*（图2-148）
   2. 佛焰苞喉部张开；雌花序与佛焰苞离生；中性花线形；终生单叶 ……………………………………………………………………………………… 犁头尖 *Typhonium blumei*（图2-149）

图2-146 水蔗草

图2-147 合果芋

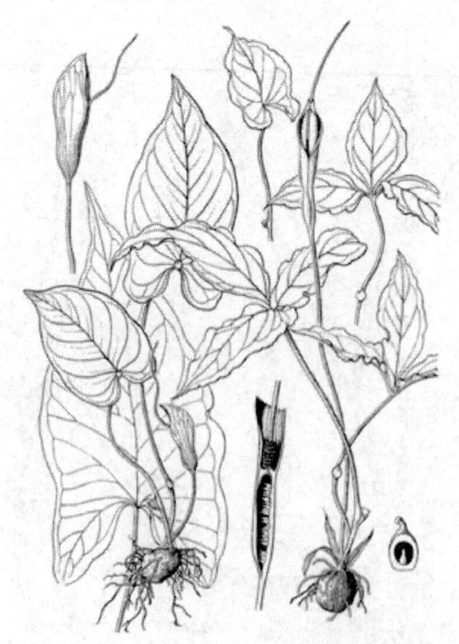

图2-148 半夏

图2-149 犁头尖

2.5.37　莎草科 Cyperaceae

1. 小穗上的鳞片螺旋排列；花柱基膨大，三棱状，脱落；无下位刚毛。
  2. 花柱三棱形，柱头3枚；雄蕊1枚；长侧枝聚伞花序多回复出；鳞片中脉两侧各具1条深褐色条纹；茎基部1～3个叶鞘无叶片 …………… 日照飘拂草 *Fimbristylis miliacea*（图2-150）
  2. 花柱扁，上部具缘毛，柱头2枚。
    3. 小穗无棱，宽2.5～5mm。
      4. 小穗6至多数；总苞片有1～2枚长于花序；鳞片长2～2.5mm；小坚果具7～9纵棱，具横长方形网纹；成熟果柄褐色 ………… 两歧飘拂草 *Fimbristylis dichotoma*（图2-151）
      4. 小穗常3～6枚；总苞片远较花序短；鳞片长约3mm；小坚果无纵棱，具六角形网纹；成熟时果柄黄白色 ………………………… 少穗飘拂草 *Fimbristylis schoenoides*（图2-152）
    3. 小穗因鳞片具龙骨状凸起而具棱，宽不逾2mm；小坚果长0.6～0.8mm，表面平滑；伞梗无毛 …………………………………………………… 夏飘拂草 *Fimbristylis aestivalis*（图2-153）
1. 小穗上的鳞片2行排列；花柱基不膨大，线形柱状。
  5. 小穗轴基部无关节，鳞片在果熟后由下而上依次脱落。
    6. 小穗螺旋状或成行排列于花序轴上形成穗状花序。
      7. 具根状茎；小穗轴具翅。
        8. 具匍匐根状茎和块茎；小穗线状披针形，宽1～1.5mm；小坚果压扁状，长为鳞片的1/3～2/5；鳞片长约3mm ………………………… 香附子 *Cyperus rotundus*（图2-154）
        8. 无块茎；小穗线形，宽不及1mm；小坚果非压扁状，常为鳞片的2/3；鳞片长约2mm ……………………………………………… 疏穗莎草 *Cyperus distans*（图155）
      7. 无根状茎；小穗轴无翅或有翅。
        9. 长侧枝聚伞花序简单；小穗长10～30mm；小穗轴有翅；鳞片顶端具凸尖 ………… …………………………………………… 扁穗莎草 *Cyperus compressus*（图2-156）
        9. 长侧枝聚伞花序复出；小穗长3～10mm；小穗轴无翅；鳞片顶端微缺 ……………… ……………………………………………… 碎米莎草 *Cyperus iria*（图2-157）
    6. 小穗形成简单长侧枝聚伞花序，呈放射状，具2～3个总苞片；小坚果与鳞片近等长 … …………………………………………………… 异型莎草 *Cyperus difformis*（图2-158）
  5. 小穗轴基部具关节，鳞片在果熟后宿存而与小穗轴一起脱落。
    10. 鳞片背面的龙骨状凸起具翅，翅呈半月形，边缘具细刺；头状穗状花序单生，稀2～3聚生；小坚果棕色，长约1.5mm …………………… 猴子草 *Kyllinga nemoralis*（图2-159）
    10. 鳞片背面的龙骨状凸起无翅，有时具小刺；头状穗状花序单生；小坚果褐色，长约1～1.2mm ……………………………………………… 水蜈蚣 *Kyllinga brevifolia*（图2-160）

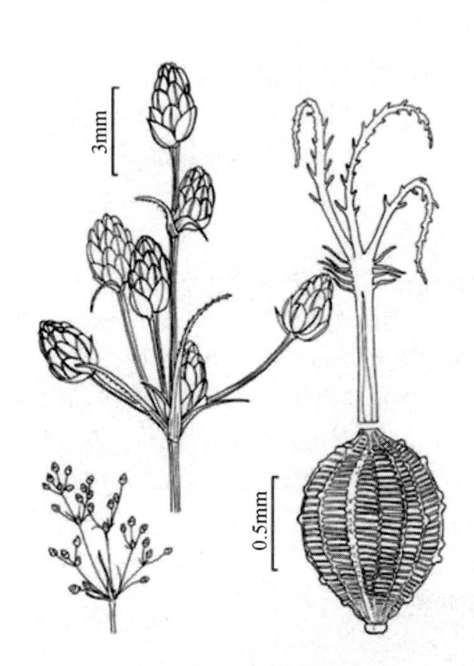

图 2-150　日照飘拂草

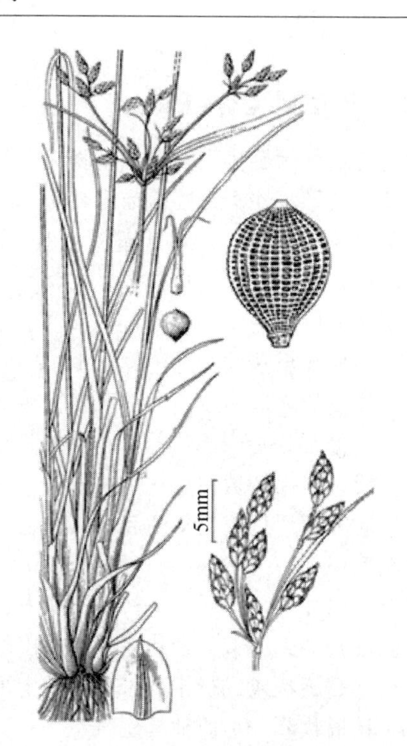

图 2-151　两歧飘拂草

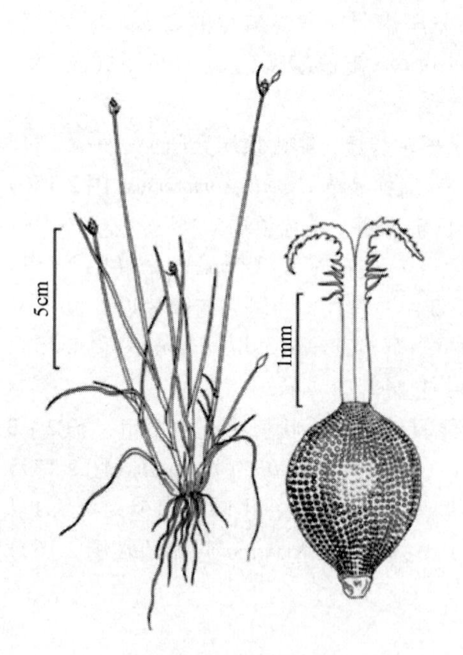

图 2-152　少穗飘拂草

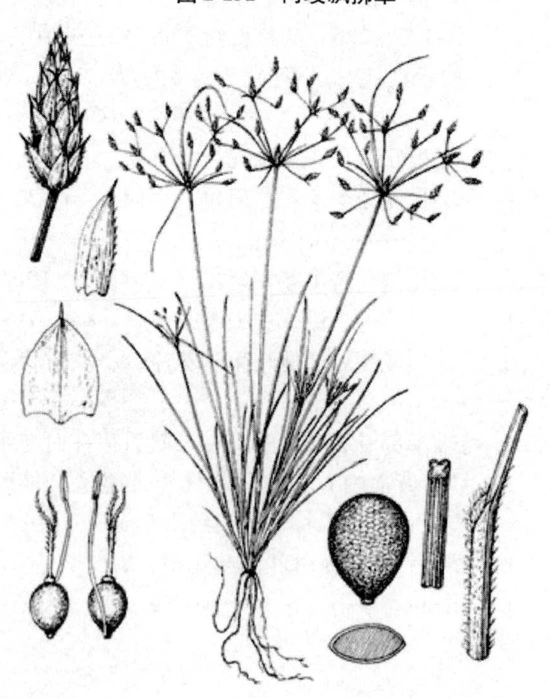

图 2-153　夏飘拂草

图 2-154　香附子

图 2-155　疏穗莎草

图 2-156　扁穗莎草

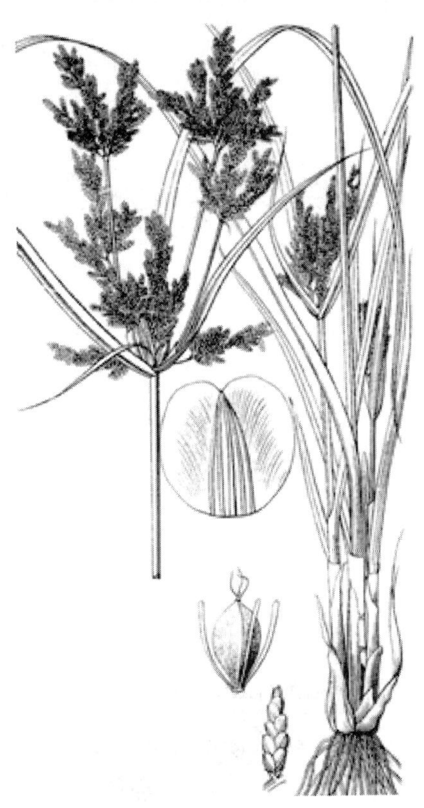

图 2-157　碎米莎草

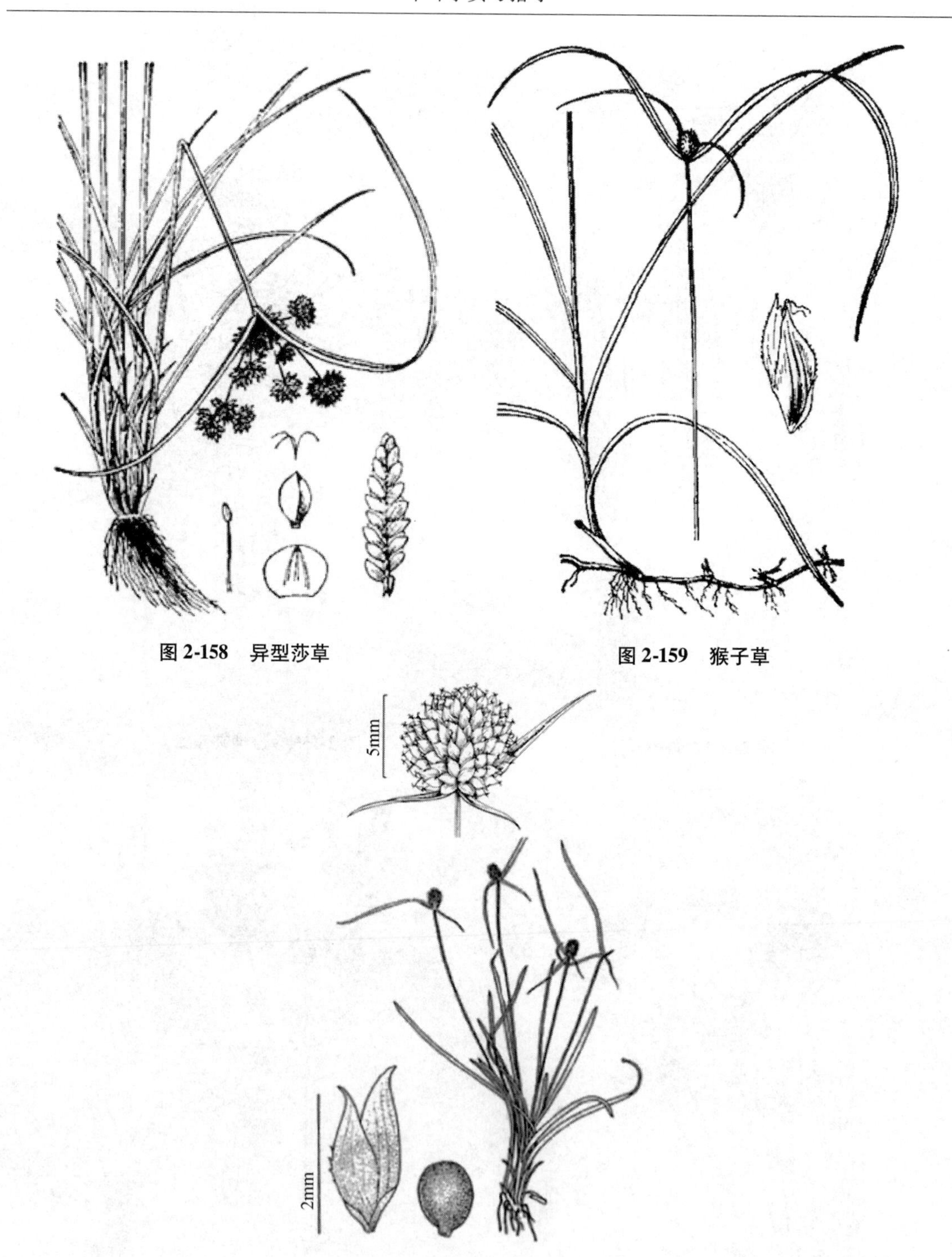

图 2-158 异型莎草

图 2-159 猴子草

图 2-160 水蜈蚣

2.5.38 兰科 Orchidaceae

(1)线柱兰(*Zeuxine strateumatica*：图 2-161)

具根状茎短。茎淡棕色，直立或近直立，具多枚叶。叶淡褐色，无柄，具鞘抱茎，叶片线形至线状披针形，无柄。总状花序几乎无花序梗。中萼片狭卵状长圆形，与花瓣黏合呈兜状；侧萼片偏斜的长圆形；花瓣歪斜，半卵形或近镰状；唇瓣淡黄色或黄色，基部凹陷呈囊状，其内面两侧各具1枚近三角形的胼胝体。蒴果椭圆形，淡褐色。花期春天至夏天。

（2）美冠兰（*Eulophia graminea*：图2-162）

假鳞茎长3～7cm，直径2～4cm。叶3～5枚。总状花序直立，常有1～2个侧分枝，疏生多数花；花梗和子房长1.5～1.9cm；花橄榄绿色，唇瓣白色而具淡紫红色褶片；中萼片倒披针状线形；侧萼片与中萼片相似；唇瓣近倒卵形或长圆形，长9～10mm，3裂；唇盘上有（3～）5条纵褶片，褶片均分裂成流苏状；基部的距圆筒状，常略向前弯曲。蒴果下垂。花期4～5月，果期5～6月。

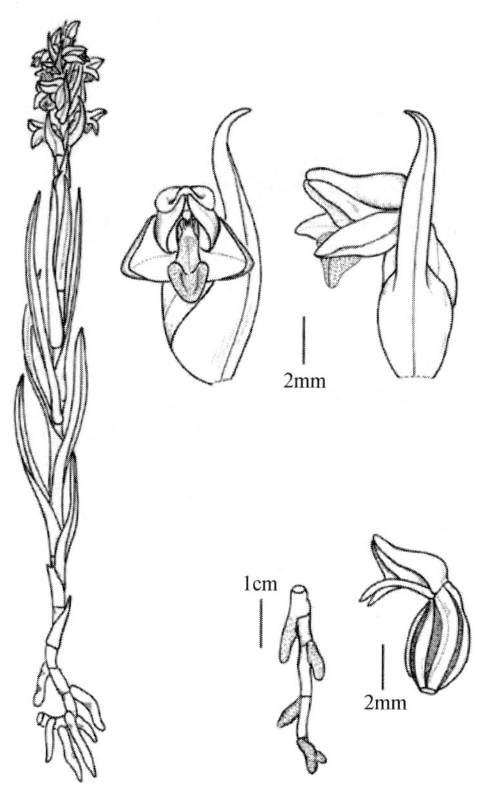

图2-161　线柱兰

图2-162　美冠兰

第3章 草坪病虫害

3.1 草坪病害症状观察

3.1.1 病状类型

(1)变色

病害植株由于叶绿素代谢受到影响，使叶片的颜色发生改变，这种变色可以是普遍的也可以是局部的，但变色细胞本身并不死亡。

①褪绿：叶片普遍变为淡绿色或淡黄色。

②黄化：叶片普遍变为黄色。

③花叶：叶片局部褪绿，使之呈黄绿色或黄白色相间的花叶状。

(2)坏死

由于植物细胞和组织的死亡而引起。

①斑点：局部组织变色，然后坏死而形成斑点。

②枯死：植物组织连片坏死而呈现黄白色、褐色、或黑色，形成叶斑、叶枯、环斑、条斑或轮纹斑。

③穿孔：叶片的局部组织坏死后脱落。

(3)腐烂

多汁而幼嫩的植物组织受害后，植物细胞和组织易发生腐烂。

(4)萎蔫

指植物根部或茎部的维管束组织受到侵染而发生的枯萎现象。萎蔫可以是局部的也可以是全株性的。典型的萎蔫病害无外表病征，植物皮层组织完好，但内部维管束组织受到破坏。

(5)畸形

植株生长反常，促使植物的各个器官发生变态，如矮化、徒长、卷叶、瘿瘤等。

3.1.2 病征类型

(1)粉状物

病原真菌在植物受害部位形成黑色、白色、铁锈色的粉状物。

(2)霉状物

病原真菌在植物受害部位形成白色、褐色、黑色的霉层。

(3)小黑点

病原真菌在植物受害部位形成的黑色小颗粒。

(4)菌核

病原真菌在植物受害部位形成大小不同的褐色或黑色颗粒。

(5)白锈

病原真菌在植物受害部位形成的白瓷状物。

3.2　草坪病害调查

病害调查是了解植物病害的种类、发生范围、危害程度及发生规律，进行病害流行预测和科学开展病害防治的前提。只有通过准确的调查研究，才能制定出切实可行的防治措施。掌握田间病害调查方法，学会计算病害发病率、严重度、病情指数、损失率及防治效果，提高分析问题和从事调查研究的能力。

3.2.1　一般调查

当一个地区有关病害发生情况的资料很少，可先进行一般调查，目的在于了解当地病害发生的一般情况。调查的面要广，要有代表性，常以小组为单位，选择不同类型的代表性草坪，调查病害种类，统计发病率。将调查结果填入表 3-1 和表 3-2。

表 3-1　草坪病害一般调查记录表(田块记录法)

草坪类型：　调查地点：　调查日期：　调查人：

病害名称	发病率							
	草坪 1	草坪 2	草坪 3	草坪 4	草坪 5	草坪 6	……	平均
褐斑病								
枯萎病								
白粉病								
叶斑病								
锈病								
叶枯病								
…								

表 3-2　草坪病害一般调查记录表(种类记录法)

草坪类型：　调查地点：　调查日期：　调查人：

病害名称	发病部位	发生特点	发病程度
1			
2			
3			
4			
…			

3.2.2 重点调查

经过一般调查发现的主要病害，可作为重点调查的对象，深入了解它的分布、发病率、损失率、环境影响和防治效果等。调查某一具体病害的发生发展规律及防治效果等，其调查项目、次数、时间和要求则因调查目的而异(表3-3)。

表3-3 草坪病害重点调查记录表

调查日期		调查地点		调查人	
草坪种类		草坪草品种		种子来源	
病害名称		发病率		田间分布情况	
土壤性质		温度和降水		土壤湿度	
灌溉和排水		施肥			
草坪管理		防治方法和防效			
发病率		病情指数			

(1)取样方法

病害调查的取样方法影响结果的准确性，草坪边际植株往往不能代表一般发病情况，因此取样时应避免在草坪边际取样。取样时至少选5个样点，随机取样，或者从样地四角两根对角线的交点和交点至每一角的中间4个点，共5个点取样，或其他方法取样，根据草坪面积大小而定(图3-1)。如调查分布均匀的病害，力图做到随机取样，宜采用对角线取样法。如病害在田间分布不均匀，可采用其他几种取样方法。取样单位一般以面积为单位。取样数量是在每一调查点上取100～200株或20～30张叶片。叶片病害，根据分布情况，每点可检查20～30张叶片。

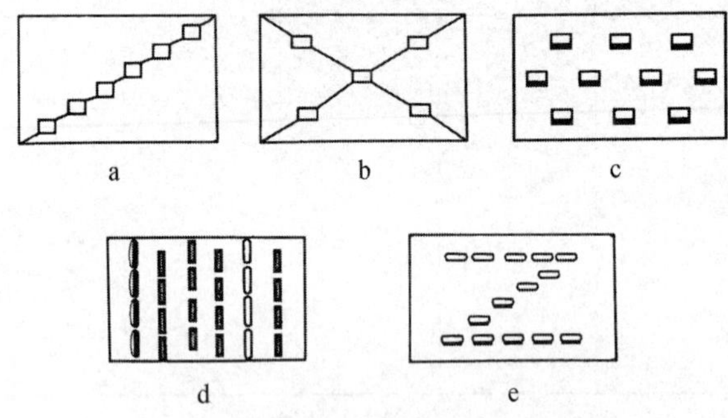

图3-1 田间调查取样方法示意

(a)单对角线 (b)双对角线 (c)棋盘式 (d)平行线式 (e)Z字形法

(2)取样时间

调查取样的时间主要根据病害的发生期和危害期，对发病情况的调查最好是在发病盛期进行。整个生长期都能危害的病害，最好选择危害的关键时期进行调查。

(3)取样次数

调查的次数当然是越多越好，有的病害从播种到收获不断地进行调查，可以系统地了解病害的发生和发展规律。

一般病害的调查，取样不一定要太多，但一定要有代表性，通常在病害的盛发期进行1～2次为宜。

(4)样本类别

样本可以将整株或叶片作为计算单位。取样单位应视草坪病害种类和调查目的而定，但要做到简单而能正确反映发病情况。

(5)发病程度及其计算

发病程度包括发病率、严重度和病情指数。

① 发病率：发病的田块、植株数占调查田块、植株总数的百分率，表示发病的普遍程度。

$$发病率=\frac{发病田块或植株数}{调查总田块或植株数}\times 100\%$$

② 严重度：表示发病的严重程度，用整个植株或叶片发病面积占总面积的比率分级表示，用以评定植株或叶片的发病严重程度。发病严重级别低，则发病轻；反之，则发病重。调查草坪病害严重度时要有分级标准，分级标准可以病斑数量、发病面积、发病株数等所占的比例而定(表3-4)。

表3-4　草坪常见叶斑病严重度分级表

严重度级别代表值	分级标准	严重度级别代表值	分级标准
0	无病	3	病斑面积占叶片面积的1/2～3/4
1	病斑面积占叶片面积的1/4以下	4	病斑面积占叶片面积的3/4以上
2	病斑面积占叶片面积的1/4～1/2		

③ 病情指数：发病普遍程度和严重程度的综合指标。

$$病情指数=\frac{\sum 病株(叶)数\times 该级严重度代表值}{调查总株数\times 发病最重级严重度代表值}\times 100\%$$

病情指数是将发病率和严重度两者结合在一起，用一个数值来代表发病程度，对调查和实验结果的分析是有利的。在比较防治效果和研究环境条件对病害的影响等方面，常常采用这一计算方法。

3.3　草坪病害田间诊断和鉴定

对病害的诊断应该从症状入手，全面检查，仔细分析。资料记载的病害症状往往是典型的。实际上，在自然条件下发生的病害经常出现非典型症状，这是由于诸如温湿条件不同、品种抗性不同、病害症状出现的时期不同、复合感染等因素的影响。因此，病害诊断的程序一般包括如下几项。

3.3.1　田间观察和调查

观察病害群体在田间的分布，详细记载病株的特征(色泽、质地、状态)，调查与观察病区地形，土质及发病前后天气，了解植物的品种、种苗来源、草坪管理等，查询病史及了解有关资料。

田间诊断时，首先应明确草坪草病情是属于传染性病害还是非传染性病害。非传染性病害，发病植物无病症，分离不到病原物，发生面积广，无逐步传染过程，在田间分布均匀；发病因素仅包括环境和寄主，有可恢复性。传染性病害有明显的症状，多数由点到面，病株逐渐增多，大部分病株表面或内部可以发现病原物的存在(表3-5)。

3.3.2 症状的识别和描述

详细观察病株的外观反常现象以及病组织上是否有病征出现。每种病害都有症状特点，症状是真的病害的重要依据。草坪常见的病原物引起病害症状特点如下：

3.3.2.1 真菌病害

真菌可引起草坪草根部、茎基部、茎和叶部病害。根据病害症状可以确认大多数常见多发病，如锈病、黑粉病、白粉病、霜霉病、雪腐病、红丝病、白绢病、炭疽病，以及一部分真菌引起的叶斑病、叶枯病等。大多数真菌病害在病部产生病征，如黑粉病、霜霉病等，保湿培养即可长出子实体来，但要区分这些子实体真正病原菌子实体，还是腐生真菌的子实体，较为可靠的方法是从新鲜病斑的边缘作镜检或分离。在症状不典型，特别是病征发育不充分或多种病原物复合侵染而诱发的症状时，需要采集标本，进行实验室鉴定(表3-5)。

表3-5 草坪主要真菌病害症状

病害名称	拉丁文名称	症状
白粉病 (powdery mildew)	*Blumeria graminis* (*Erysiphe graminis*)	受浸染草皮呈灰白色，像撒上了一层面粉。开始症状是叶片出现1～2mm的病斑，以后逐渐扩大成近圆形、椭圆形绒絮状霉斑，初白色，后变成灰白色、灰褐色。霉斑表层着生一层分生孢子，后期霉层形成棕色到黑色的小粒点，即病原菌的闭囊壳(附图Ⅰ，A)
白绢病 (southern blight)	*Sclerotium rolfsii*	发病草坪开始出现圆形、半圆形，直径可达20 cm的黄色枯草斑。以后枯草斑边缘病株呈红褐色枯死，中部植株仍保持绿色，使枯草斑呈现明显的红褐色环带。在枯草斑边缘枯死植株上以及附近土表上生有白色绢状菌丝体和白色至褐色菌核(附图Ⅰ，B)
币斑病 (dollar spot)	*Sclerotinia homoeocarpa*	在草坪上形成似1元硬币大小的圆形凹陷的、漂白色或稻黄色的小斑块。病叶上初现水浸状褪绿斑，后变枯黄色，有浓褐色、紫红色边缘，病斑可扩展到大部分或整个叶片；清晨病叶上有露水时，可见绵毛状、蛛丝状白色气生菌丝体，干燥后消失。严重发病时，多数枯草斑会合成不规则大型枯草区(附图Ⅰ，C)
春季死斑病 (spring dead spot)	*Leptosphaeria narmari*	是3年期或更长期草坪上的典型病害。春季休眠的草坪恢复生长后，草坪上出现环形的、漂白色的死草斑块。斑块直径几厘米至1 m，枯草斑往往在同一位置上重新出现并扩大。2～3年后，斑块中部草株存活，枯草斑块呈现蛙眼状环斑。多个斑块愈合在一起，使草坪总体上表现出不规则形，类似冻死或冬季干枯的症状(附图Ⅰ，D)
德氏霉叶枯病 (drechslera leaf spot)	*Drechslera tritici-repentis* *D. erythrospila* *D. gidantea* *D. siccans* *D. triseptata* *D. dictyoides*	病叶和病鞘上出现很多小的椭圆形、红褐色病斑。以后病斑沿平行于叶轴方向伸长，病斑中央坏死，多个病斑愈合成较大的坏死斑。老叶比嫩叶容易被侵染。当整个叶片或叶鞘上受害时，维管束系统被环割，整个叶子或分蘖死亡，使草坪变得稀疏，瘦弱早衰。通常在春、秋季，或温暖干燥时期，或寒冷过后马上出现干旱时期。叶斑发生以后还可发生枯焦和根、根状茎和冠部腐烂(附图Ⅰ，E)

续表

病害名称	拉丁文名称	症状
腐霉枯萎病 (油斑病) (pythium disease)	*Pythium aphanidermatum* *P. ultium* *P. graminicola* *P. muriotylum* *P. arrhenomanes* *P. afertile* *P. cantenulatum*	可造成烂芽、苗腐、碎倒和根腐、根茎部和茎、叶腐烂。常使草坪出现直径2~5cm的圆形黄褐色枯草斑。清晨有露水时，病叶呈水渍状暗绿色，变软、黏滑，连在一起，用手触摸时，有油腻感，故得名为油斑病。当湿度很高时，腐烂叶片成簇趴在地上且出现一层绒毛状白色菌丝层(附图Ⅰ，F)
褐斑病 (brown patch)	*Rhizoctonia solani*	受害叶片和叶鞘上病斑梭形、长条形，不规则，初期病斑内部青灰色，水渍状，边缘红揭色，后期病斑变褐色甚至整叶水渍状腐烂。严重时病菌可侵入茎秆，病斑绕茎扩展可造成茎颈基部变褐腐烂或枯黄，病株分蘖枯死。由于枯草圈中心的病株可以恢复，结果使枯草圈呈现"蛙眼"状。清晨有露水或高湿时，枯草圈外缘(与枯草圈交界处)有由萎蔫的新病株组成的暗绿色至黑揭色的浸润圈，即"烟圈"。当叶片干枯时，烟圈消失。在病鞘、茎基部还可看到由菌丝聚集形成的初为白色，后变成黑褐色的菌核(附图Ⅰ，G)
褐条斑病 (brown stripe)	*Cercosporidium graminis*	发病叶片、叶鞘上产生小斑点，巧克力色，中间灰白色。随后病斑不断增大，病斑沿叶脉之间和叶鞘延伸而形成条斑，条斑上有成排的小黑粒点
黑粉病 (smut)	*Ustilago striiformis* *Urocystis agropyri* *Entyloma dactylidis* *Tilletia* spp. *Sphacelotheca* spp.	条黑粉病和秆黑粉病在叶片和叶鞘上出现沿叶脉平行的长条形、黑色冬孢子堆，以后孢子堆破裂、散出黑粉，如果用手触摸这些黑色烟灰状的粉末会被抹掉。严重病株叶片卷曲并从顶向下碎裂，甚至整个植株死亡。叶黑粉病病叶背面有黑色椭圆形疱斑，即冬孢子堆，疱斑周围褪绿(附图Ⅰ，H)
黑痣病 (Tar spot)	*Phyllachora graminis* *P. acuminata* *P. bulbosa* *P. cynodontis* *P. dactylidis* *P. fuscescens*	病株叶片下出现小的、黑色、环形至卵圆形的痣状病斑。病斑周围有褪绿的晕圈，但随着病斑的增大，这些晕圈通常会消失。严重发病的草坪呈现黄绿斑驳或亮黄色景象。当叶片衰老时，病斑周围组织仍会保持绿色，其保持绿色时间比健康组织还要长，呈绿岛状(附图Ⅰ，I)
红丝病 (red thread)	*Laetisaria fusiformmis* *Corticium fusiforme*	草坪上出现环形或不规则形状，直径为5~50 cm的红褐色病草斑块。病草水渍状，迅速死亡。死叶弥散在健叶间，使病草斑呈斑驳状。病株叶片和叶鞘上生有红色的棉絮状的菌丝体和红色丝状菌丝体。清晨有露水或雨天时呈胶质肉状，干燥后变成线状。红丝病只侵染叶子，而且叶的死亡是从叶尖开始向下发生(附图Ⅱ，J)
灰斑病 (gray leaf spot)	*Pyricularia grisea*	受害叶和茎上出现小的褐色斑点，迅速增大，形成圆形至长圆的病斑。病斑中部灰褐色，边缘紫褐色，周围或附近有黄色晕圈，天气潮湿时病斑上有灰色霉层。严重发病时病叶枯死(附图Ⅱ，K)
灰霉病 (grey mould)	*Botrytis cinerea*	初期草坪的颜色由翠绿色变成暗绿色，以后很快转成灰绿色，有时叶上出现灰白色菌丝，最后变成黄褐、红褐或灰褐色，叶片干枯，形成大片斑秃(附图Ⅱ，L)
壳二孢叶斑病 (ascochyta leaf blight)	*Ascochyta agrostis* *A. anthoxanthi* *A. avenae* *A. desmazieresii* *A. festuca-erecta* *A. graminea*	病叶常从叶尖开始枯死，向基部延伸，使整个叶片受害。后期在病斑上产生黄褐色、红褐色至黑色的不同颜色的小粒点。草坪上有时出现均匀的枯萎，有时因局部发病特别严重而出现枯黄色斑块(附图Ⅱ，M)

续表

病害名称	拉丁文名称	症状
壳针孢叶斑病 (septoria leaf spot)	*Septoria macropoda* *S. macropoda* var. *grandis* *S. macropoda* var. *septulata* *S. oudemansii* *S. loligena* *S. triticivar. lolicola*	典型症状是在叶尖(修剪切口附近)产生细小的条斑，病斑颜色灰色至褐色。严重时叶片上部褪绿变褐死亡。有时，在老病斑上产生黄褐色至黑色的小粒点。受害草坪稀薄，呈现枯焦状(附图Ⅱ，N)
离蠕孢叶枯病 (bipolaris disease)	*Bipolaris spicifera* *B. australiensis* *B. fiuchlues* *B. hawuiiensis* *B. mictopus*	叶片上出现不同形状的病斑，中心浅棕褐色，外缘有黄色晕，潮湿条件有黑色霉状物。温度超过30℃，病斑消失，整个叶片变干并呈稻草色。在高温高湿天气下，叶鞘、茎秆和根部都受侵染，短时间内造成草皮严重变薄和出现枯黄区(附图Ⅱ，O)
镰刀枯萎病 (fusarium disease)	*Fusarium puce* *F. avenaceum* *F. heterosporurn* *F. acuminatum* *F. eqiseti* *F. culmorum* *F. graminearum*	可造成草坪草苗枯、根腐、茎基腐、叶斑和叶腐、匍匐茎和根状茎腐烂等一系列复杂症状。草坪上开始出现淡绿色小的斑块，随后迅速变为枯黄色，在高温干旱条件下，病草枯死变成枯黄色，根部、冠部，根状茎和匍匐茎变成黑褐色的干腐状。枯草斑圆形或不规则形。枯黄的草坪出现或不出现叶斑。当湿度高时，病草茎基部和冠部可出现白色至粉红色的菌丝体和大量的镰刀菌孢子。温暖潮湿的天气，可造成草坪发生大面积的叶斑(附图Ⅱ，P)
霜霉病 (downy mildew yellow tuft)	*Sclerophthora macrospora* *S. graminicola*	植株矮化萎缩，剑叶和穗扭曲畸形，叶色淡绿有黄白色条纹。发病早期植株略矮，叶片轻微加厚或变宽，叶片不变色。当发病严重时，草坪上出现1～10 cm的黄色小斑块，斑块一般不超过3 cm。在凉爽潮湿条件下，叶面出现白色霜状霉层
梯牧草眼斑病 (Cladosporium eyespot)	*Cladosporium phlei*	叶片上病斑细小，呈眼状，中部枯黄色至灰色，边缘浓褐色至暗紫色，病斑周围组织褪绿。严重时叶片枯死(附图Ⅱ，Q)
铜斑病 (copper spot)	*Gloeocercospora sorghi*	发病草坪出现分散的近环形的斑块，颜色为鲜红色到红棕色，直径2～7 cm。病株叶片上生有红色至枯死褐色小斑，多个病斑愈合使整个叶片枯死(附图Ⅱ，R)
尾孢叶斑病 (cercospora leaf spot)	*Cercospora agrostidis* *C. festucae* *C. seminalis*	初期病株叶片和叶鞘出现褐色至紫褐色、椭圆形或不规则病斑，病斑沿叶轴平行伸长。后期病斑中央黄褐色或灰白色，潮湿时有灰白色霉层和大量分生孢子产生。严重时枯黄甚至死亡，使草坪变得稀疏
锈病 (rusts)	*Puccinia graminis* sp. *lolii* *P. graminis* sp. *phlei-pratensis* *P. graminis* sp. *dactylidis* *P. recondite* *P. striiformis*	主要危害叶片、叶鞘或茎秆，在感病部位生成黄色至铁锈色的夏孢子堆和黑色冬孢子堆，被锈菌侵染的草坪远看是黄色的(附图Ⅱ，S)
雪腐叶枯病 (pink snow mold)	*Gerlachia nivalis* (无性) *Monographella nivaris*(有性)	叶斑和叶枯症状最为常见。草坪出现直径小于5 cm的枯草斑，扩大后直径可达20 cm。病草初为水渍状污绿色，后变砖红色、暗褐色以至灰绿色。在潮湿条件下或积雪覆盖下，枯草斑上生出白色菌丝体，经阳光照射后产生大量粉红色或砖红色霉状物

3.3.2.2 细菌病害

潮湿的天气有利于细菌病害的发生，降雨尤其是大雨、灌溉水流有利于发病。细菌病害在草坪草的表现主要有：

① 叶片出现小的黄色病斑，并可愈合成长条斑，叶片变成黄褐色至深褐色。

② 叶片出现散乱且有较大的深绿色的水渍状病斑，病斑迅速干枯并死亡。

③ 叶片出现细小的水渍状病斑，病斑不断扩大，变成灰绿色，然后变成黄褐色或白色，最后死亡。病斑经常愈合成不规则的长条斑或斑块，潮湿时，从病斑处溢出菌脓。

3.3.2.3 线虫病害

线虫病害在各地均有发生，可侵染所有草坪草。通常是在叶片上，均匀地出现轻微至严重的褪色，根系生长受到抑制，根短，毛根多，根上有病斑，肿大或结节；植株生长减慢，矮小，瘦弱，甚至全株萎蔫、死亡。但更多的情况下是草坪上出现环形或不规则斑块。由于线虫危害造成的症状往往与管理不当所表现的症状相似，因此，线虫病害识别，除要认真仔细观察症状外，唯一确定的方法是在土壤中和草坪草根部取样检测线虫。

表 3-6　田间一般病害的诊断和鉴定

诊断日期：　　　　　　　　诊断人：

地点	草种	病害名称	诊断依据(病害症状)	备注
1				
2				
3				
…				

3.4 病害标本的采集与制作

通过采集和制作标本，了解植物病害标本采集要求，学会标本的采集与记录，掌握植物病害标本的制作方法。

3.4.1 病害标本采集

(1)病叶

用剪刀剪取感病植株上的发病叶片，装入采集夹中。尽量剪取整个病叶，每一片叶上的病斑，在颜色、大小以及形状方面都应一致，采集的标本应有典型症状。真菌病害标本要有真菌繁殖体，繁殖体为粉状物的如白粉病、锈病、黑粉病等标本，应用纸袋分装或用纸包好再放入采集袋或采集箱中，以免孢子飞散，污染其他标本。

(2)病根

用铁铲挖取草坪病根，装入采集筒中(或用纸包好放入采集箱中)。注意挖取点的范围要比较大一些，以保证取得整个根部。

(3)采集记录

各标本应有复份(5～10 份)，以用于鉴定、保存和交换，采集标本要有记载，完整的记录与标签十分重要，主要内容是草种、品种、采集地点、日期、采集人等(表 3-7)。

表 3-7 病害标本采集记录

地点		日期	
产地和环境		海拔	
寄主		学名	
受害部位			
采集人		标本号	
备注			

(4)标本携带

田间采集后之后，叶片类的标本装入采集袋中，每一种病叶放入一个小袋内之后，最好再放入一个大一点的采集袋内。对于根类的标本，应分别用小采集袋装好密封或用纸包裹好，然后再装入采集筒中。

(5)标本整理

在完成田间采集的过程之后，需及时进行标本的取舍和初步的整理。对于同一种病害的标本，尽量保留带有典型症状的。在整理时，应使其形状尽量恢复自然状态。对于采集到的比较稀少的标本，如症状不典型或暂时观察不到子实体，也不要舍弃。应该同样制作成标本，以备日后采取措施进行鉴定。如果外出采集，每天晚上都要将当天采集的标本进行整理、压制，以后要勤换纸和晾晒，以防霉变。

3.4.2 病害干燥标本制作

(1)压制

草坪病害标本大部分宜用标本夹压制干的标本，标本分层压于夹内吸水纸中间，一层标本，若干层吸水纸(视标本质地和含水量而定)，以利于吸取标本中的水分。

(2)临时标签

在压制时，每份标本都要附上临时标签(可随着标本压在吸水纸之间)，以防标本间相互混杂。临时标签上的项目不必记载过多，一般只需记录寄主名称和顺序号即可。写临时标签时应使用铅笔记录，以防受潮后字迹模糊，影响识别。

(3)标本整理

在第一次换纸前，小心对标本进行形状的整理，尽量使其舒展自然，特别对于比较柔嫩的植物标本，更应多加注意，以免破损。

(4)换纸

标本要勤换纸，勤翻晒，压制的前 3 ~ 4 d，每天应换 1 ~ 2 次，以后每 2 ~ 3 d 换一次纸，直至标本完全干燥为止。标本夹要放在通风处，不宜曝晒。在正常的晴好天气条件下，一般经过 10 d 时间即可完全干燥。

(5)装袋

压制好的标本放在白纸折成的纸夹中，纸夹装入牛皮纸制的标本袋中保存。标本袋正面应贴上标签，标本袋可放入特制的标本柜长期存放，标本还可放入标本盒中展示，标本较多时应设置标本室并编制标本目录，标本保藏期间应定期检查，防止受潮霉变，防鼠防虫。

3.5　昆虫外部形态观察

通过观察掌握昆虫体躯的一般构造和头、胸、腹部各附属器官的基本构造和类型，为学习昆虫分类和正确识别害虫奠定基础。

3.5.1　昆虫的头式

不同类群的昆虫，头部的结构可以发生一些变化，口器在头部着生位置或方向也有所不同，所以，昆虫头部的型式(即头式)常以口器在头部着生位置分成3类(图3-2)：

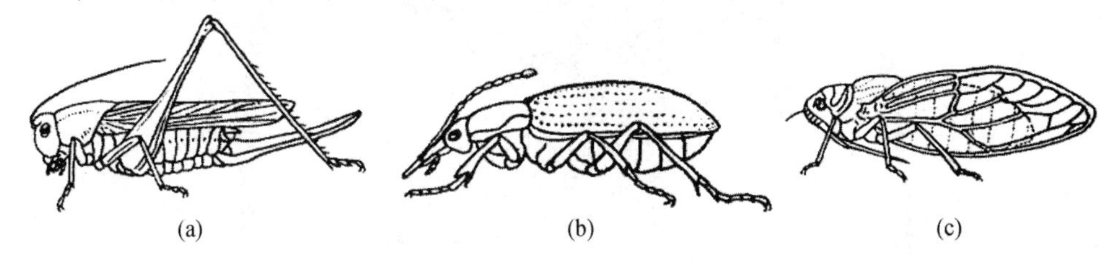

图3-2　昆虫的头式

(a)下口式　(b)前口式　(c)后口式

①下口式：口器向下，约与体躯纵轴垂直。具有这类口式的大部分是植食性的昆虫。如蝗虫、蟋蟀等。

②前口式：口器向前与体躯纵轴呈钝角或近乎平行，具有这类口式的许多是捕食性昆虫。如步行虫、草蛉幼虫等。

③后口式：口器向后斜伸与体躯纵轴成锐角，不用时常弯贴在身体腹面。具有这类口式的昆虫多属于刺吸式口器昆虫。如蝉、蚜虫等。

3.5.2　昆虫触角的类型

昆虫触角一般包括柄节、梗节和鞭节。最基部的一节称为柄节，第二节称为梗节，自第三节起以后的各节统称为鞭节(图3-3)。具体类型如下：

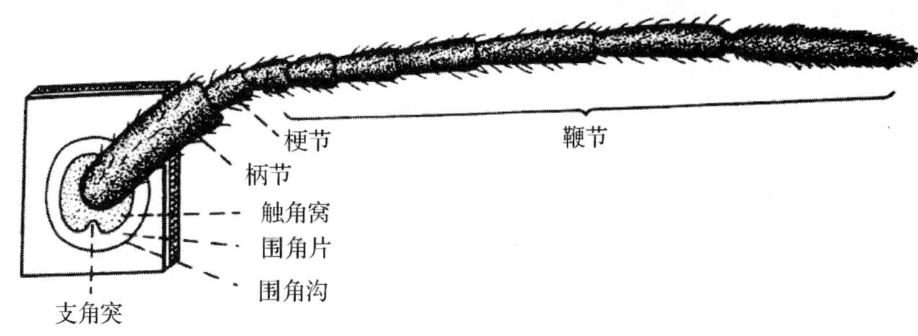

图3-3　昆虫触角的基本结构

①刚毛状：基部1～2节较其余各节为大，鞭节各亚节纤细似刚毛(图3-4，A)。如蝉、蜻蜓，其触角短。

②线状：细长如丝，各节呈圆筒形，除基部2～3节略大外，鞭节各亚节大小相似，渐

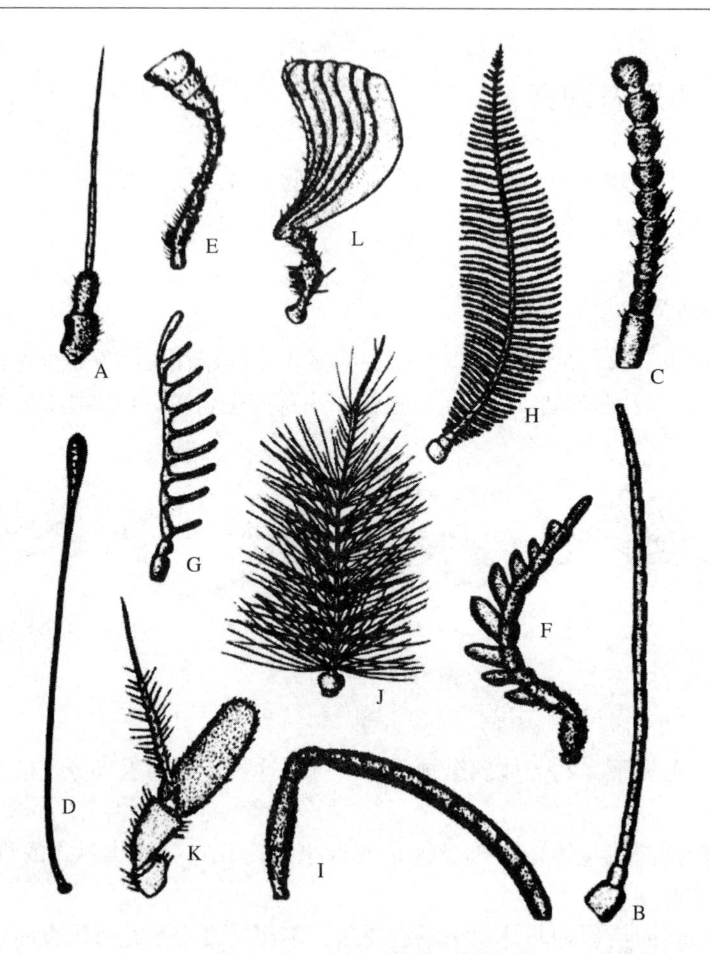

图 3-4 昆虫触角的基本类型

A. 刚毛状 B. 线状 C. 念珠状 D. 球杆状 E. 锤状 F. 锯齿状
G. 栉齿状 H. 羽毛状 I. 膝状肘状 J. 环毛状 K. 具芒状 L. 鳃叶状

向端部缩小(图 3-4，B)。如蝗虫。

③念珠状：鞭节由很多近球形的亚节组成，状如佛珠(图 3-4，C)。如白蚁。

④球杆状：鞭节端部数节渐膨大，基部各亚节细长如杆(图 3-4，D)。如蝶类触角。

⑤锤状：类似球杆状触角，但鞭节端部数节急剧膨大，形如锤子(图 3-4，E)。如长角蛉、瓢甲的触角。

⑥锯齿状：其鞭节各亚节向一侧突出成三角形，全形似一张锯片(图 3-4，F)。多数甲虫，如叩头虫、芫菁、萤火虫等具有此触角。

⑦栉齿状：除基部 1 ~ 2 节外，鞭节各亚节向一边(单栉齿状)或两边突出(羽毛状)，如梳齿或鸟羽状(图 3-4，G、H)。如雄性蚕蛾的触角。

⑧膝状(肘状)：柄节特别长，梗节短，鞭节由若干大小相同的亚节组成，与梗节间形成膝状弯曲(图 3-4，I)。如蜜蜂的触角。

⑨环毛状：除基部 2 节外，鞭节各亚节均具有一圈细毛，而近基部的细毛最长(图 3-4，J)。如雄性蚊子的触角。

⑩具芒状：触角粗短，一般 3 节，第 3 节特别膨大，其上着生 1 刚毛，称触角芒，芒上

有时出现很多细毛(图3-4，K)。蝇类特有。

⑪鳃叶状：鞭节端部数节延长成片状，迭合在一起形似鱼鳃(图3-4 L)。如金龟子触角。

3.5.3　昆虫胸足的类型

昆虫的胸足是胸部的附肢，共3对，前胸、中胸、后胸各1对，分别称为前足、中足、后足。昆虫的胸足因生活环境和生活习性的不同，其结构和形状多样性，常见的类型有以下几种：

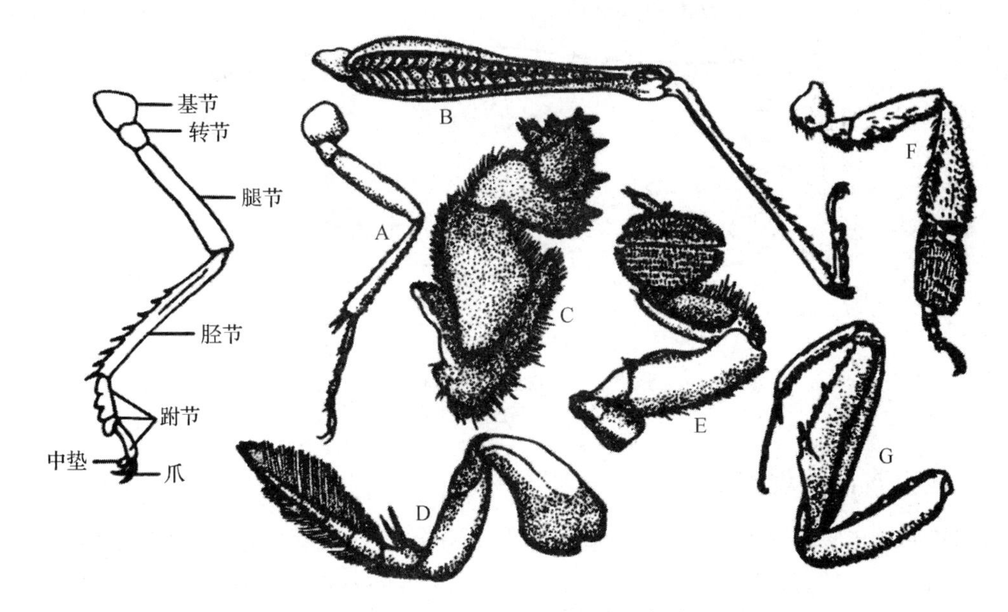

图3-5　昆虫足的基本构造和类型

A. 步行足(步行虫)　B. 跳跃足(蝗虫后足)　C. 开掘足(蝼蛄前足)　D. 游泳足(龙虱后足)　E. 抱握足(雄龙虱前足)　F. 携粉足(蜜蜂后足)　G. 捕捉足(螳螂前足)

①步行足：是昆虫中最常见的一种足，较细长，各节无显著变化(图3-5，A)。如步行虫、椿象等的足。

②跳跃足：后足的腿节特别发达，便于跳跃，胫节细长，末端有坚硬的距(图3-5，B)。如蝗虫、跳甲、跳蚤等。

③开掘足：前足粗而大，胫节膨大如扇，端部具4齿，跗节短阔呈铲状，便于掘土(图3-5，C)。如蝼蛄。

④游泳足：中、后足，各节变扁而阔，胫节及跗节生有长毛，适于游泳(图3-5，D)。如龙虱。

⑤抱握足：通常前足的跗节特别膨大，上有吸盘状构造，在交配时用以挟持雌虫(图3-5，E)。如雄龙虱。

⑥携粉足：后足的第一跗节特别大，内侧有数列整齐的刚毛，称花粉刷；胫节宽扁，外缘有密集的长刚毛，形成一花粉篮，能把全身黏来的花粉收集成团状携带回巢(图3-5，F)。如蜜蜂。

⑦捕捉足：前足的基节特别长大，腿节的腹面有1条凹槽，槽边缘有2排刺；胫节的腹面也有1排刺，胫节弯曲时，与腿节嵌合，如折刀，便于捕捉猎物(图3-5，G)。如螳螂。

3.5.4 昆虫翅的观察

取蝗虫一头，用镊子将后翅自基部取下，放在载玻片上，然后找出翅的前缘和内缘；肩角、顶角和臀角和臀前区、臀区的位置等。对比观察供试昆虫翅的数目、形状和质地，以确定属何目(图3-6)。

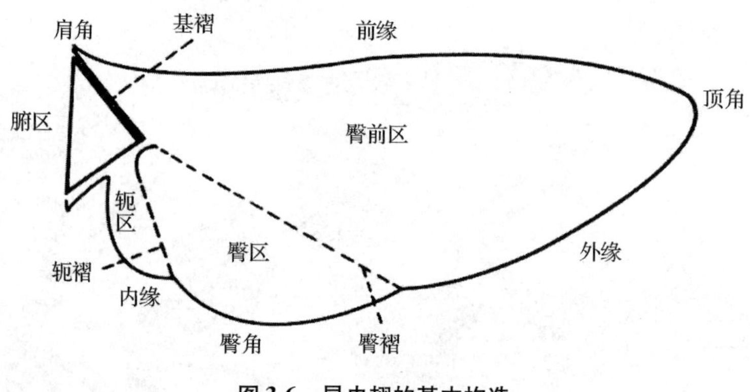

图3-6 昆虫翅的基本构造

3.5.5 昆虫腹部的观察

观察不同昆虫腹部节数和尾须形状。昆虫腹部分节最明显，无足。蝗虫腹部由11节构成，腹节具有背板和腹板各1块，无侧板，第1～8腹节的背板和腹板之间以薄膜相连，称侧膜。第1～8腹节大小相似，各节有气门1对，第9、10腹节较小。第10腹节背板上着生一对尾须；第11节的背板呈半圆形小片，盖在肛门上方，称肛上板，肛门两侧为肛侧板，末端有外生殖器(图3-7)。

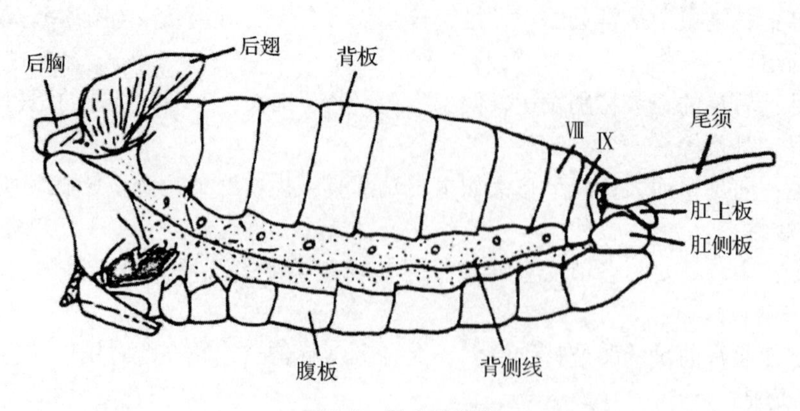

图3-7 昆虫的腹部

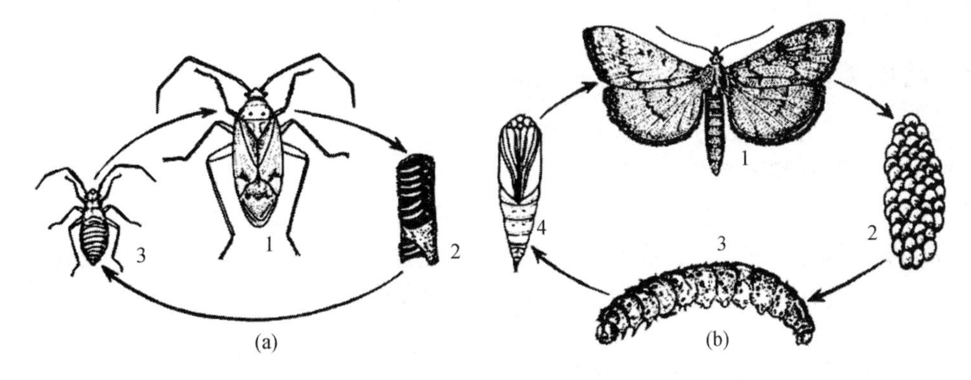

图 3-8　昆虫的变态

(a)不完全变态(苜蓿盲蝽)：1. 成虫　2. 卵　3. 若虫

(b)完全变态(玉米螟)：1. 成虫　2. 卵　3. 幼虫　4. 蛹

3.6　昆虫生物学习性观察

3.6.1　昆虫的变态类型

昆虫最常见的变态类型是不完全变态和完全变态。

①不完全变态：只有3个虫期，即卵期、幼虫期和成虫期[图3-8(a)]。

②完全变态：完全变态的昆虫具有4个虫期，即卵期、幼虫期、蛹期和成虫期[图3-8(b)]。

3.6.2　昆虫卵的类型

昆虫的卵粒有各种各样的，注意观察(图3-9)。

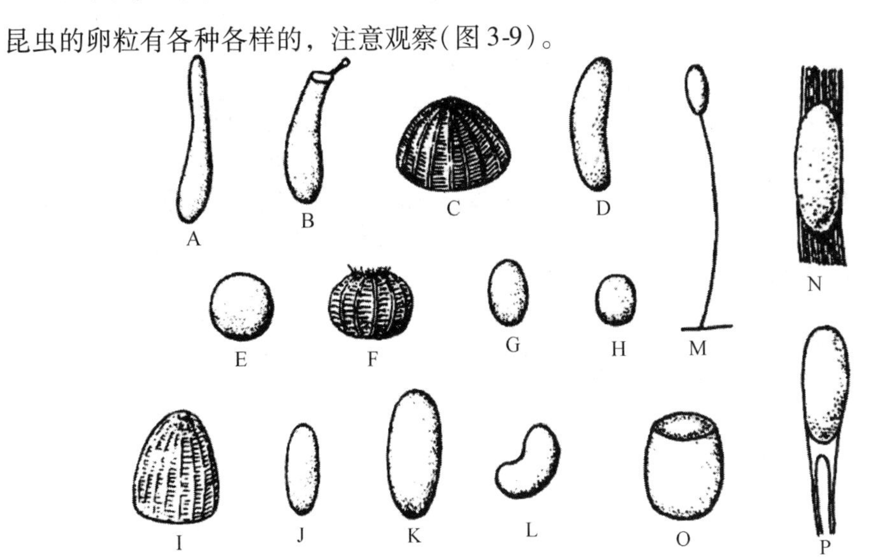

图 3-9　昆虫的卵

A. 长茄形　B. 袋形　C. 半球形　D. 长卵形　E. 球形　F. 篓形　G～H. 椭圆形　I. 馒头形　J～K. 长椭圆形　L. 肾形　M. 有柄形　N. 椭圆形卵块　O. 桶形　P. 双辫形

3.6.3 幼虫类型

全变态昆虫的幼虫可以分为4种类型(图3-10)：

①原足型：附肢和体节尚未分化完全，像一个发育不完全的胚胎。如内寄生蜂的幼虫。

②多足型：除具发达的胸足，还有腹足[图3-10(a)(c)]。如鳞翅目和叶蜂幼虫。

③寡足型：胸足发育完全，腹部分节明显但无腹足[图3-10(b)]。如金龟子幼虫。

④无足型：既无胸足也无腹足[图3-10(d)]。如家蝇的幼虫。

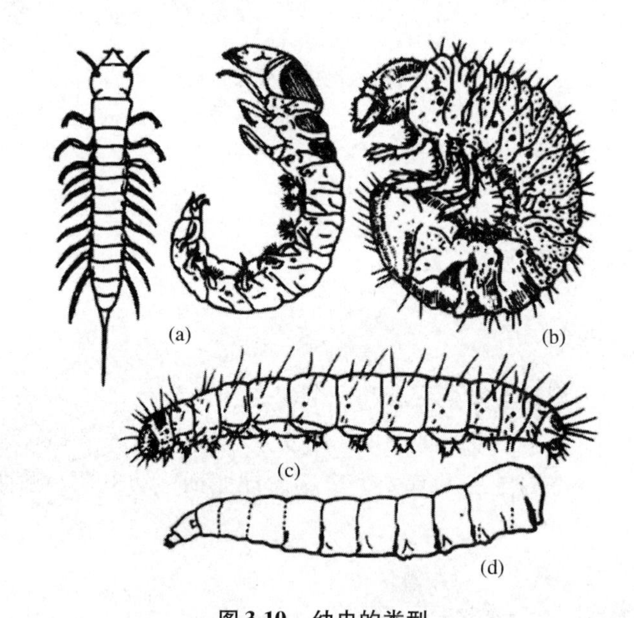

图3-10 幼虫的类型

(a)多足型 (b)寡足型 (c)多足型 (d)无足型

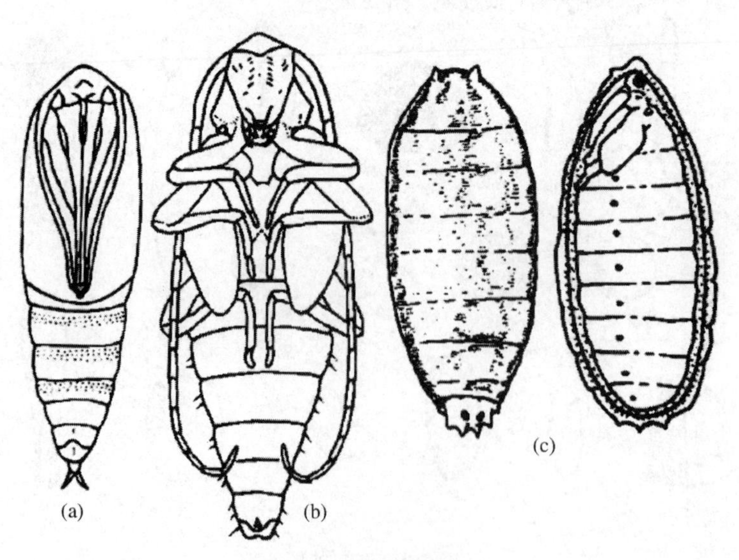

图3-11 蛹的类型

(a)被蛹 (b)离蛹 (c)围蛹

3.6.4 蛹的类型

①被蛹：这类蛹的触角和附肢等紧贴在蛹体上，不能活动，腹节多数或全部不能活动[图3-11(a)]。

②离蛹：这类蛹的特征是附肢和翅不贴附在身体上，可以活动，同时腹节间也能自由活动[图3-11(b)]。

③围蛹：蛹体本身是离蛹，但是蛹体被末龄幼虫所脱的皮所包被[图3-11(c)]。

3.7 昆虫标本的采集

昆虫标本是教学和科研的重要材料，采集昆虫标本是学习和研究昆虫的基础工作，是初学者必须掌握的专门技术。

3.7.1 采集用具

常用的采集工具有捕虫网[图3-12(a)]、毒瓶[图3-12(b)]、吸虫管[图3-12(c)]、诱虫灯等。

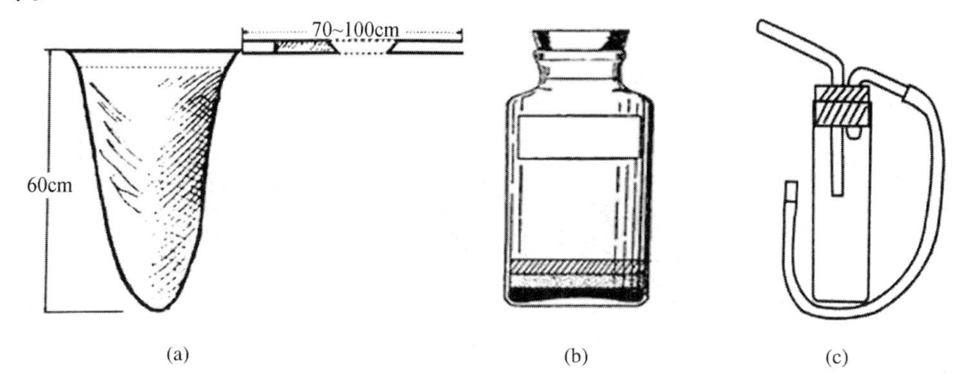

图3-12 采集工具

(a)捕虫网 (b)毒瓶 (c)吸虫管

(1)捕虫网

通常捕虫网由网柄、网圈和网袋组成，是采集昆虫时最为常见的工具之一。除了市场销售的各种型号的捕虫网外，也可以自己制作。捕捉网主要用于捕捉正在飞行或停落的活泼昆虫，如蝗虫。另外，还可以用来扫捕草坪上的昆虫，如飞虱、蝇类、蜂类。

(2)毒瓶

用来快速毒杀昆虫的重要工具，较理想的毒剂是氰化物。毒瓶制作较为简单，先选择合适的广口瓶一个，配好严密的软木塞或橡皮塞。制作时先在瓶内放好适量(5～10g)的氰化物(氰化钾或氰化钠)小块或粉末，然后盖上一层木屑，用木棍把木屑压紧，再在上面铸上一层石膏糊。氰化物遇水即产生氰化氢，毒性很强，因此在制作和使用毒瓶时要注意安全。毒瓶的样式种类不一，除可用广口瓶外，其他装药、盛果酱等的空瓶都很合适。

毒瓶要经常保持清洁，瓶底可铺一两层滤纸，每天用后以镊子夹潮布擦净(注意布和旧纸不要乱丢），再铺以新的滤纸。最好多做几个毒瓶，至少鳞翅目要单独用一个，不与其他昆虫混放，以免蝶、蛾的鳞片被弄坏，同时鳞片黏到别的虫体上不易弄净。

(3)吸虫管

用来采集微小不易拿取的昆虫。吸虫管是用一个平底的指形管，配软木塞，塞上各钻一孔，左端插入一条玻璃管为虫被吸入所经的路，右端也插入一短玻璃管连一条胶皮管，皮管头可以再套上一小段玻璃管以便含在口内，或直接安装一个吸气的胶皮球，吸气时则可以将小虫由左端管口吸入指形管中。为了避免小虫被吸入口中，可以在吸口端木塞上隔以细铜纱或纱布等。

(4)采集箱

分为幼虫活体采集箱和保存标本的采集箱。幼虫活体采集箱用于携带准备饲养观察的活体昆虫。幼虫活体采集盒为小型采集盒，便于携带。保存标本的采集箱用于保存采集的昆虫标本。

(5)采集袋

用来携带采集工具，与一般的背包相似，但缝上两排插指形管的筒状袋，其大小可比照指形管做，每排放10个，上面要加布盖，或将放毒瓶、毒管的筒状袋另做大一些的袋缝在两侧或外边。袋里面还可以多分几层，小格内放镊子、小刀、手铲等；大格内放网、记录本等采集用具。采集袋最好用较厚的布做，能用防水布更好，式样和大小可根据需要设计。

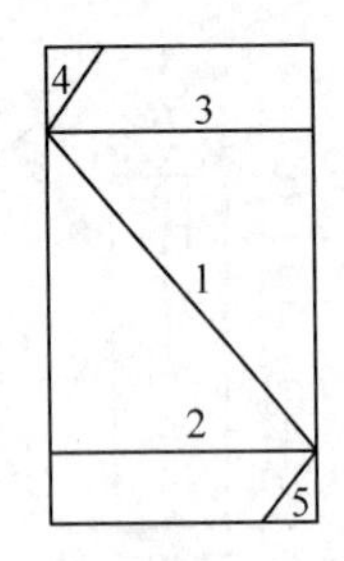

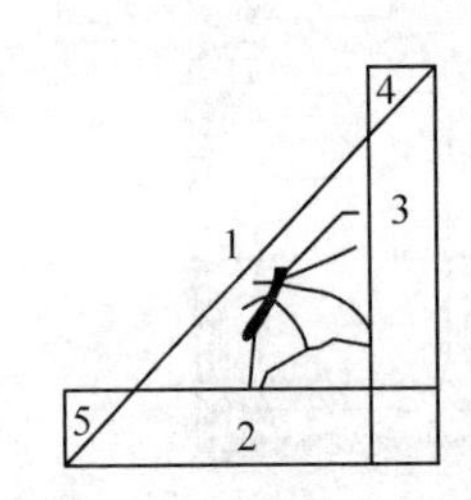

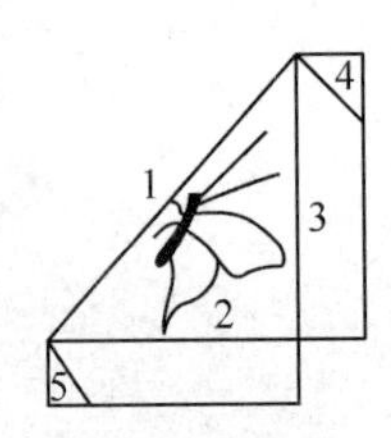

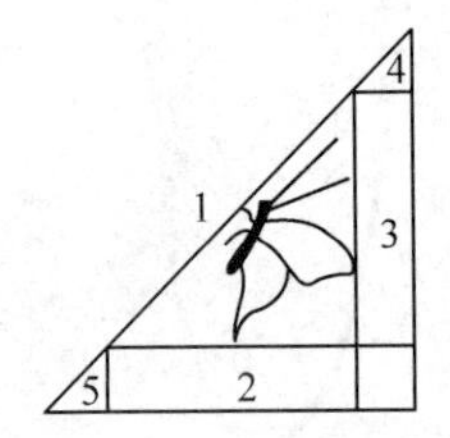

图3-13 三角纸的折叠方法

(6)指形管

用来临时装昆虫或保存标本，尤其是远途采集时，除装满采集袋以外，还应另带一盒指形管备用。一部分指形管空着，一部分管装以70%乙醇或其他保存液。一般适用的是直径20 mm、高80 mm的平底指形管。根据所采昆虫的大小，可选用更小或更大的。除去指形管外，一般装药的小玻璃管、小瓶都可以用来放昆虫。

(7)三角纸

用坚韧的白色光面纸或硫酸纸，剪裁成3∶2的长方形纸块，大小不等，用于临时性标本的保存。其折叠方法如图3-13所示(数字代表折叠顺序)。

(8)其他工具及用品

镊子、放大镜、刷小虫用的毛笔、作标签用的纸条、笔、记录本、棉花、纱布和橡皮膏等。如果要保存害虫危害植物的被害状或寄主植物的标本，则要准备植物标本夹、草纸以及植物采集箱等。

3.7.2 捕虫方法

(1)网捕

一般会飞善跳的昆虫需要进行网捕。网捕昆虫时，注意翻转网口使网圈和网袋叠合一部分，然后将毒瓶深入网中取虫，切勿张开网口直接取虫，防止入网的昆虫逃脱。

蝶类翅大，易破，可以隔网捏住胸部，渐加压力，使其不能飞行，再取出放入毒瓶。对于草坪中的小型昆虫，可以采用边行走边扫网的方式，注意捕虫网要呈8字形来回寻扫。一般的扫网扫几下后用左手握住网袋中部，右手放开网柄，空出手来打开网底的绳，将扫集物倒入毒瓶中，等虫被熏杀后再倒在白纸上或白瓷盘中挑选。

扫网不但用于低矮植物，也可接上长柄在高的树丛中扫捕，但网袋应加长。用扫网捕到的昆虫不但种类多、个数多，一网可得数十上百个小虫，而且时常会扫捕到非常珍贵的稀有标本。

(2)振落

许多昆虫具有假死性，一经振动就会下落，小型昆虫用吸虫管吸取，大型昆虫直接用手拿，或用镊子夹，或用管来装。除鞘翅目外，其他如脉翅目、半翅目等也可以用振落法采集。另外，有些昆虫一经振动并不落地，但由于飞动而暴露了方向，可以用网捕捉。

(3)搜索

除去在外面活动的昆虫外，很多昆虫都躲在各种隐蔽的地方，所以采集时要善于搜索。

(4)诱集

夜出性昆虫白天隐藏，不易采到，夜间出来活动，因此，诱集法是根据昆虫行为中的趋光性原理诱捕昆虫的一种好方法。灯光诱集和糖蜜诱集(50%红糖、40%食用醋、10%白酒)是最常用、简便易行且效果非常好的采集方法。

3.8 昆虫针插标本的制作与保存

3.8.1 标本制作用具

主要有昆虫针、三级台、展翅板、回软缸、黏虫胶、镊子、剪刀等(图3-14)。

(1)昆虫针

用于固定虫体的不锈钢针，长约3.8cm，顶端有膨大的头。根据其粗细程度分为7种型号，由细到粗分别是00、0、1、2、3、4、5号，要根据虫体大小选用。

(2)三级台

分为3级的小木块，每级中央有1小孔。

第1级高2.6cm，用来定标本的高度。双插法和黏制小昆虫标本时，三角纸、软木片和片纸等都用这级的高度。制作标本时，先把针插在标本的正确位置，然后放在台上，沿孔插到底。要求针与虫体垂直，姿势端正。

第2级高1.4cm，是插采集标签的高度。虫体下方插入有该虫采集地点、日期、寄主、采集人的标签。

第3级高0.7cm，为定名标签的高度。一些虫体较厚的标本，在第1级插好后，应倒转针头，在此级插下，使虫体上面露出 0.7cm，以保持标本整齐，便于提取。

(3)展翅板

一个工字形的木架，上面装两块表面略向内倾的木板，一块固定，另一块可以左右移动，以调节两板间的距离(图 3-14)。木架中央有一槽，铺以软木或泡沫塑料板，以便插针。

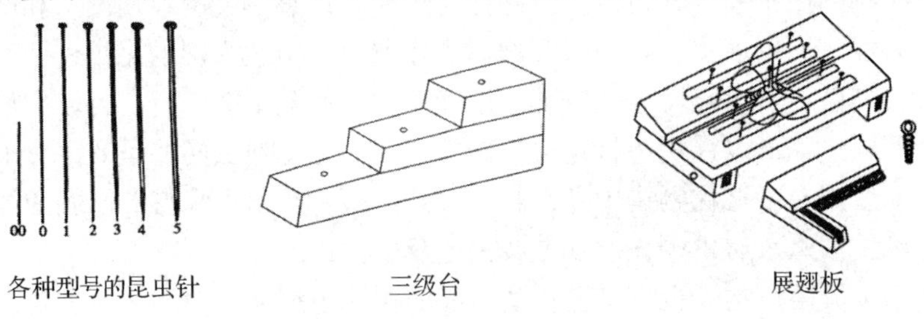

图 3-14　标本制作用具

(4)整姿板

厚约 3cm 的长方形木框，一般大小为 10cm ×30cm，上面盖以软木板或厚纸板。用厚度相当的泡沫塑料板代替也很好用。

(5)回软缸

用来使已经干硬的标本重新恢复柔软，以便整理制作的用具。凡是有盖的玻璃容器(如干燥器等)都可用作回软缸。

(6) 标本盒

针插标本干燥后，分类放入标本盒(图 3-15)。标本盒要求干燥木材制作，需密闭防湿、防虫。盒四周各插一樟脑丸，以防虫蛀。

(7)标本柜

用以存放标本盒，木结构或铝合金结构。

图 3-15　昆虫标本盒

3.8.2　标本的制作与保存

3.8.2.1　针插标本的制作

(1)插针

插针的部位对各类昆虫应有一定要求。一般都插在中胸背板的中央偏右，以保持标本稳定，又不致破坏中央的特征。鞘翅目插在右鞘翅基部约 1/4 处，不能插在小盾片上，腹面位于中后足之间；半翅目的小盾片很大，针插在小盾片上偏右的位置；双翅目体多毛，常用毛来分类，针插在中胸偏右；直翅目前胸背板向后延伸盖在中胸背板上，针应插在中胸背面的右侧；鳞翅目、膜翅目需要展翅，插在中胸背板中央(图 3-16)。

(2)整姿

三级台上插好的昆虫标本都可以插在整姿板上整理。使虫体与板接触，用针把触角拨向前外方，前足向前，中、后足向后，使其姿势自然美观。若姿势不好固定，可用针或纸条临时别住，切勿直接把针插在这些附肢上。

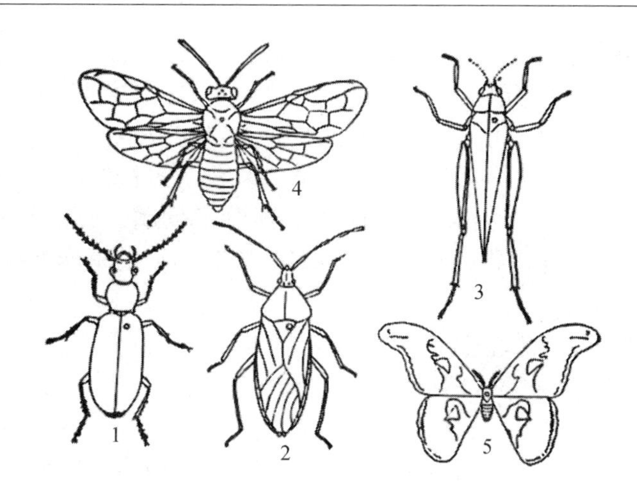

图 3-16　针插昆虫标本的部位

1. 鞘翅目　2. 半翅目　3. 直翅目　4. 膜翅目　5. 鳞翅目

(3)展翅

使用时先将展翅板调到适宜宽度(较虫体略宽)，拧紧螺钉固定。然后把定好高度的标本插在展翅板的沟中，翅基部与板持平，用较透明而光滑的蜡纸或塑料纸等纸条将翅压在板上。先用针拨动左翅前缘较结实的地方，使翅向前展开，拨到前翅后缘与虫体垂直为度，再将后翅向前拨动，使前缘基部压在前翅下面，用针插住纸条固定。

左翅展好后，再依法拨展右翅。触角应与前翅前缘大致平行并压在纸条下。腹部应平直，不能上翘或下弯，必要时可用针别住压平或下面用棉花等物垫平。展翅标本也要附上临时标签，待标本充分干燥后随同取下，供书写采集标签时参考。

鳞翅目昆虫一般要求前翅后缘与虫体纵轴成直角，后翅自然压于前翅下。双翅目翅的顶角与头顶相齐。膜翅目昆虫前后翅并接线与体躯垂直。脉翅目昆虫通常以后翅前缘与虫体垂直，然后使前翅后缘靠近后翅，但有些翅特别宽或狭窄的种类则以调配适度为止。蝗虫、蝗螂在分类中需用后翅的特征，制作标本时要把右侧的前后翅展开，使后翅前缘与虫体垂直，前翅后缘接近后翅。

经过展翅和整姿的标本，放在风干柜内风干，然后放入标本柜内保存。如标本数量很大，不能及时展翅整姿的，也应在标本充分干燥后，置三角纸袋内长期保存，要注意防潮防虫蛀。

(4)粘制

双插小型昆虫通常用胶水粘在已用昆虫针插好的卡纸或三角纸上。粘虫的胶最好是水溶性的，必要时可以还软取下。体上有鳞片的小蛾子和一些多毛的蝇类不易粘住，宜用徽针插在软木条或卡纸上。所有针插的干制标本都要附采集标签，否则会失去科学价值。采集标签应写明采集的时间、地点和采集人姓名等。

(5)回软

在缸底放入湿沙子，滴入4%石碳酸几滴以防发霉。将标本放置在培养皿中，放入缸中，勿使标本与湿沙接触。密闭缸口，借潮气使标本回软。回软所需时间因温度和虫体大小而定。回软好的标本可以随意整理制作，注意不能回软过度，以免引起标本变质。

3.8.2.2　标本的保存

昆虫针插标本在保存时，最容易遭遇虫害和发霉问题，因此最好能事先防范，以免辛苦采集和制作好的标本毁于一旦。由于标本是有机物质，是标本害虫如啮虫、烟甲虫、甚至蟑螂和蚂蚁等的最爱，若标本存放于开放空间时，可能整头标本被害虫蛀食，或因虫蛀而产生碎屑，因此，要将标本置于密闭的标本箱中。另外，若保存标本的地方处于常温环境中，相对湿度一般在70% ~80%，亦非常适于微菌生长，若没有进行低温和除湿处理，则黑色甲虫上面覆盖一层淡色微菌是常见的事。要解决虫害和霉菌问题，最好能将标本放置于保持稳定的低温低湿环境中，即相对湿度50%，温度20℃，最重要的是能维持其稳定值，对标本的保存较佳。

目前很多机构都采用超低温冷冻方法，即将标本以真空袋或双层塑料袋密封，去除塑料袋内的空气后，直接置入 -40℃以下的冷冻库内数天来将潜在害虫杀死，待回温至常温后，再搬至标本库保存。

3.9 草坪主要昆虫的识别

3.9.1 常见类群及其识别特征

3.9.1.1 直翅目 Orthoptera

咀嚼式口器，下口式，触角多为丝状。前翅狭长，加厚成皮革质，称作覆翅，后翅为膜质透明。前足一般为步行足，蝼蛄科为开掘足，后足跳跃足(图3-17)。

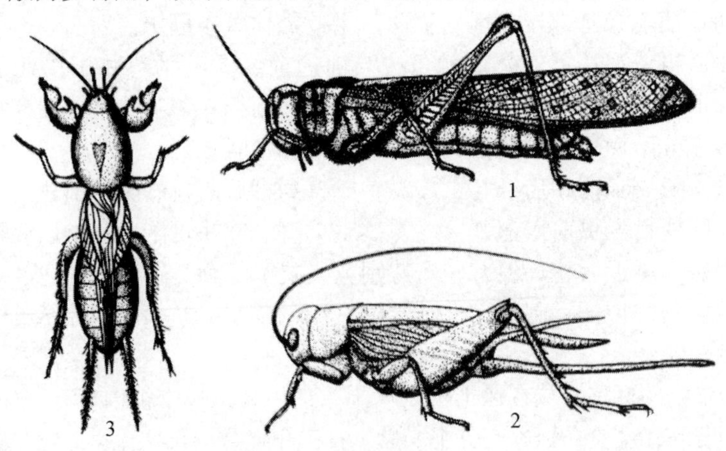

图3-17 直翅目主要科

1. 蝗科 2. 蟋蟀科 3. 蝼蛄科

①蝗科 Locustidae：俗称蝗虫，触角丝状或剑状，前胸背板马鞍状，后足为跳跃足，植食性，卵产于土中。

②蟋蟀科 Gryllidae：体粗壮，色暗。触角比体长，丝状。后翅发达，长于前翅，后足为跳跃足。

③蝼蛄科 Gryllotalpidae：触角比体短，前足开掘式，后足腿节不发达，不能跳跃。前翅小、后翅长，伸出腹末呈尾状，尾须长，生活于地下。

3.9.1.2 缨翅目 Thysanoptera

本目统称蓟马，体微小至小型，细长而略扁。头锥形，下口式，锉吸式口器，左上颚口针发达，右上颚口针退化。触角线状，6～9节。有复眼和3个单眼(无翅的没有单眼)。翅2对，膜质，狭长，翅脉少或无，边缘有长缨毛，故称作缨翅。足短小，附节1～2节。腹部圆筒形或纺锤形，无尾须(图3-18)。

图3-18　缨翅目主要科(蓟马)

3.9.1.3　同翅目 Homoptera

多数小型，少数大型。头后口式，刺吸式口器从头部后方伸出。触角丝状或刚毛状。翅2对，前翅质地较一致，膜质或皮革质，静止时在体背呈屋脊状，有些种类短翅或无翅(图3-19)。

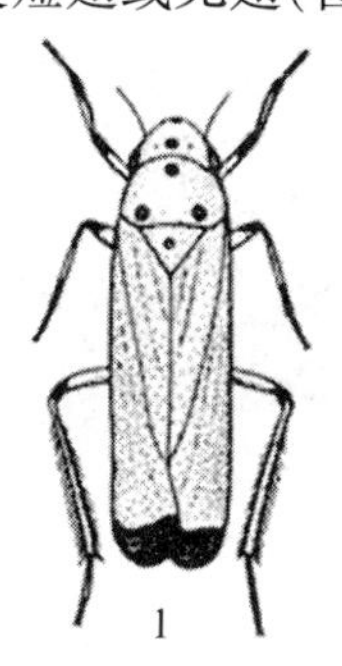

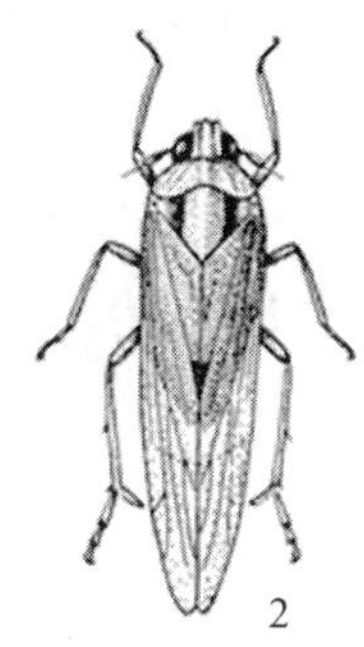

图3-19　同翅目主要科

1. 叶蝉科　2. 飞虱科　3. 蚜科

①叶蝉科 Cicadellidae：触角刚毛状，单眼2个。前翅革质，后足发达，善跳跃，后足胫节下方有2列刺状毛。后足胫节刺毛列是叶蝉科最显著的识别特征。

②飞虱科 Delphacidae：统称飞虱，小型善跳昆虫。触角刚毛状，着生于头侧两复眼之下。后足胫节末端有一能活动的大距。刺吸植物汁液。重要的种类有：褐飞虱、白背飞虱、灰飞虱。

③蚜科 Aphididae：体微小而柔软，触角长，通常为6节，丝状。腹部第六节背面两侧有一对腹管。分有翅和无翅2型。前后翅膜质，前缘有翅痣。刺吸植物汁液，能传播植物病毒。

3.9.1.4　半翅目 Hemiptera

通称椿象，简称蝽。体小至大型，扁平。刺吸式口器具分节的喙，从头的前端伸出，不用时贴在头胸腹面。触角一般4～5节。前胸背板很大，中胸小盾片发达。前翅基部革质，端部与后翅相同为膜质，这种前翅称为半鞘翅。静止时翅平放在身体背面，末端部分交叉重叠。许多种类有臭腺，能发出恶臭气味(图3-20)。

①盲蝽科 Miridae：触角4节，前翅分为革区、爪区、膜区和楔区4部分，膜区基本由脉纹围成2个翅室。小盾片三角形，不超过腹部的中央部。

②蝽科 Pentatomidae：触角5节，前翅分为革区、爪区、膜区3部分，爪区末端尖，膜区有多条纵脉。中胸小盾片很大，超过爪区的长度。

3.9.1.5　脉翅目 Neuroptera

体小型至大型(1～45 mm)，咀嚼式口器，下口式。触角长，多节。前后翅的大小、形

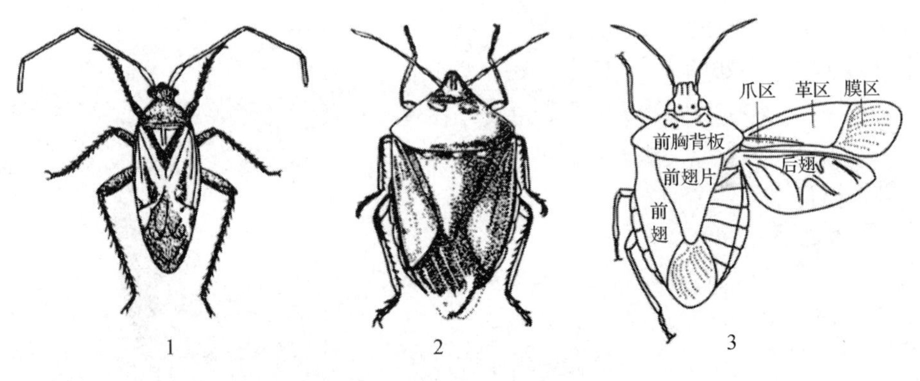

图 3-20 半翅目主要科

1. 盲蝽科 2. 蝽科 3. 半翅目背面特征

状相似，均为膜质，翅脉网状，边缘有小分叉(图3-21)。主要包括草蛉、粉蛉、褐蛉等昆虫。

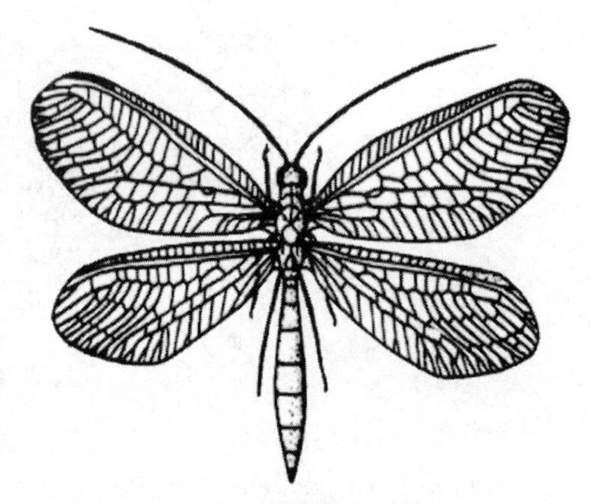

图 3-21 脉翅目主要科

草蛉科 Chrysopidae：体为中型，多呈草绿色，触角丝状，前翅前缘横脉不分叉，其翅脉纵横交错，形成许多长方形翅室，排列整齐如阶梯。

3.9.1.6 鞘翅目 Coleoptera

昆虫纲中最大的一个目，统称甲虫。体微小至大型(0.25～120 mm)，前翅角质，无翅脉，称鞘翅。静止时覆在背上，盖住中后胸及大部分(或全部)腹部。后翅膜质，有的退化。咀嚼式口器，触角多为 11 节(图 3-22)。

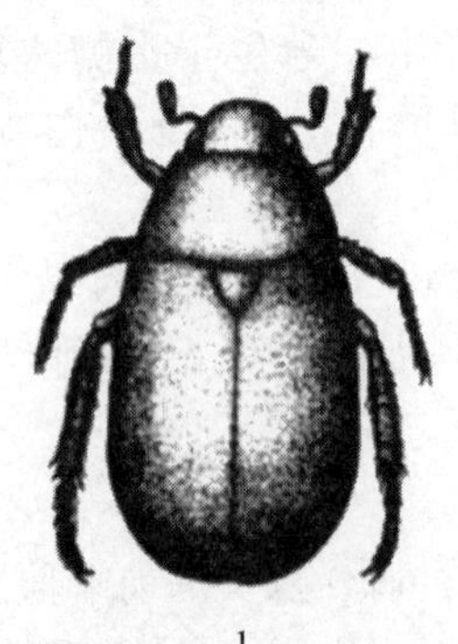
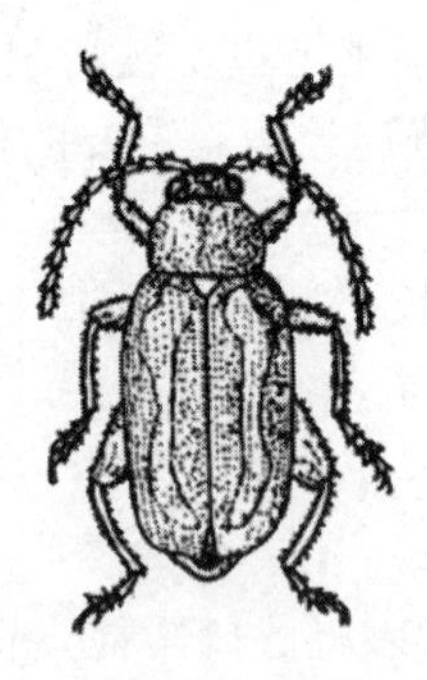
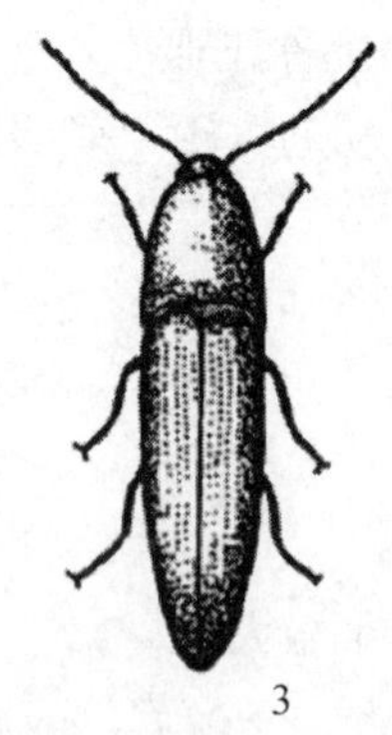
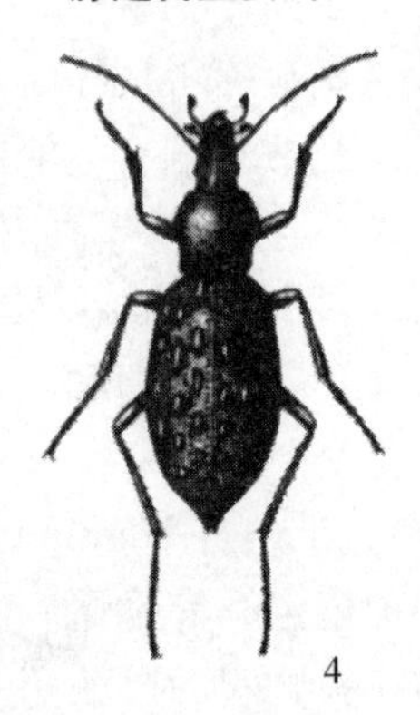

图 3-22 鞘翅目主要科

1. 金龟科 2. 叶甲科 3. 叩甲科 4. 步甲科

①金龟科 Scarabaeidae：统称金龟子，成虫体小型至大型，触角鳃叶状为本科所特有。前足为开掘足，胫节外缘具齿和距。幼虫生活在土中，通称蛴螬，体呈“C”形弯曲。

②叶甲科 Chrysomelidae：统称叶甲或金花虫。成虫体卵圆形，大多鲜艳有光泽。触角丝状，11 节。有些种类后足很发达，善跳跃。幼虫肥壮，一般胸足发达。成虫和幼虫危害植物叶子。

③叩甲科 Elateridae：统称金针虫，体长而略扁。触角锯齿状或丝状，11～12 节。前胸

可以活动。背板后缘外侧两角突出。前胸腹板上有一向后延伸的楔形突，纳入中胸腹板的一个槽内，如果手指压着成虫鞘翅，前胸上下活动，像“叩头”故称叩头甲。幼虫寡足型，体黄色，细长而坚硬，食害幼苗根部，是重要的地下害虫之一。

④步甲科 Carabidae：统称步行虫，体小至大型，多数种类有金属光泽。头部常窄于前胸，前口式。足为典型的步行足，行动迅速。

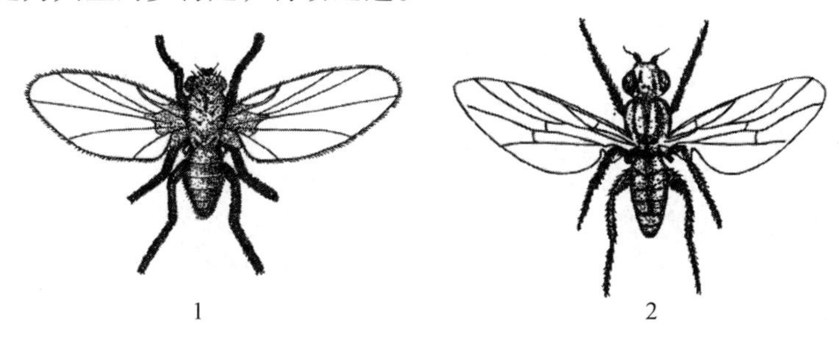

图3-23　双翅目主要科

1. 潜蝇科　2. 秆蝇科

3.9.1.7　双翅目 Diptera

体微小至大型(0.5～50 mm)，舔吸式或刺吸式口器，前翅正常，膜质，翅脉简单，后翅特化为“平衡棒”。如蚊、蝇等(图3-23)。

①潜蝇科 Agromyzidae：成虫体小，黑色或黄色。前翅亚前缘脉退化或与径脉合并，中脉间有2闭室。腹部扁平，雌虫第七腹节长而骨化，不能伸缩。

②秆蝇科 Chloropidae：成虫体小，多为绿色或黄色。后头顶毛相同或无。翅前缘脉在亚前缘末端中断，无臀室。

3.9.1.8　鳞翅目 Lepidoptera

体小至大型(3～77 mm)，触角形状各异，虹吸式口器。翅及体躯上密被鳞片和毛，翅2对，膜质，各具有一个封闭的中室。成虫前后翅的脉序变化和斑纹、颜色的特点，以及触角、体型等常作为分类的依据(图3-24)。

①夜蛾科 Noctuidae：本科是鳞翅目最大的一科，成虫为中至大型，色深暗，体较粗壮，多毛。雌虫触角多为线形，雄虫触角多为羽毛状。前翅三角形、多灰暗，密被鳞毛。常形成环状、肾形等斑纹和各种带纹，后翅比前翅阔，多为灰白色或灰色。幼虫粗壮，光滑少毛，颜色较深，具3～5对腹足，如小地老虎、黏虫、棉铃虫等。

②螟蛾科 Pyralidae：成虫小型至中型，体瘦长，腹部末端尖细。触角线形，下唇须发达，突向前方，前翅长三角形。如二化螟及玉米螟等。

③粉蝶科 Pieridae：多为中型白色或黄色，具黑斑。后翅内缘突起，栖息时抱住腹部。幼虫密被短绒毛，趾钩二序或三序中行。

④弄蝶科 Hesperidae：成虫体小至中型，较粗壮，颜色深暗。触角端部膨大，末端有钩。幼虫第一胸节细小如颈。缀食禾本科植物叶片。

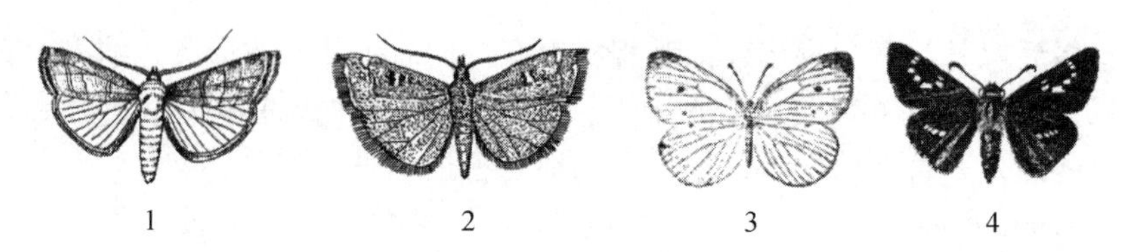

图 3-24 鳞翅目主要科

1. 夜蛾科 2. 螟蛾科 3. 粉蝶科 4. 弄蝶科

3.9.2 草坪主要害虫分目检索表

1. 咀嚼式口器，有成对的上颚 …… 2
1. 非咀嚼式口器，无上颚 …… 3
2. 前后翅质地相同 …… 脉翅目
2. 前后翅质地不同 …… 4
3. 虹吸式口器，翅覆鳞片 …… 鳞翅目
3. 刺吸式口器或锉吸式口器 …… 5
4. 前翅覆膜，后翅膜质 …… 直翅目
4. 前翅鞘翅，后翅膜质 …… 鞘翅目
5. 刺吸式口器 …… 6
5. 锉吸式口器 …… 缨翅目
6. 后口式，后翅膜质 …… 7
6. 下口式，后翅特化为平衡棒 …… 双翅目
7. 口器由头的前方生出 …… 半翅目
7. 口器由头的后方生出 …… 同翅目

3.10 草坪害虫田间调查

3.10.1 前期准备

调查内容根据调查目的而定，通常有虫害发生和危害情况调查、虫害发生规律调查、越冬情况调查、防治效果调查等。

(1)准备工作

在进行调查工作之前，应先了解调查地区的自然地理概况、经济条件，收集相关资料；拟订调查计划、确定调查方法；设计好调查用表；准备好调查所用仪器、工具等。

(2)踏查

踏查是以某个草坪区域为对象进行的普遍调查，主要查明虫害种类、分布情况、危害程度、危害面积、蔓延趋势等。根据踏查所得资料，确定主要害虫种类，初步分析草坪衰萎、死亡的原因以及初步确定详细调查的地块。

踏查方法可自选路线进行，尽可能通过有代表性的地段，采用目测法边走边看，绘制主要虫害分布草图并填写踏查记录表。

3.10.2　详细调查

在踏查的基础上，对危害较重的虫害种类，设立样地进行调查，目的是精确统计害虫数量、被害程度及所造成的损失，并对虫害发生的环境因素作深入分析研究。

3.10.2.1　取样方法

在大面积调查虫害时，不可能对所有草坪进行全部调查，一般要选取有代表性的样地，再从中取出一定的样点抽查，用部分来估算总体的情况。选样要有代表性，应根据被调查草坪面积的大小、草坪草特点、选取一定数量的样地。样地面积一般占调查总面积的 0.1% ~ 0.5%。常用的取样方法有下列 5 种(图 3-25)：

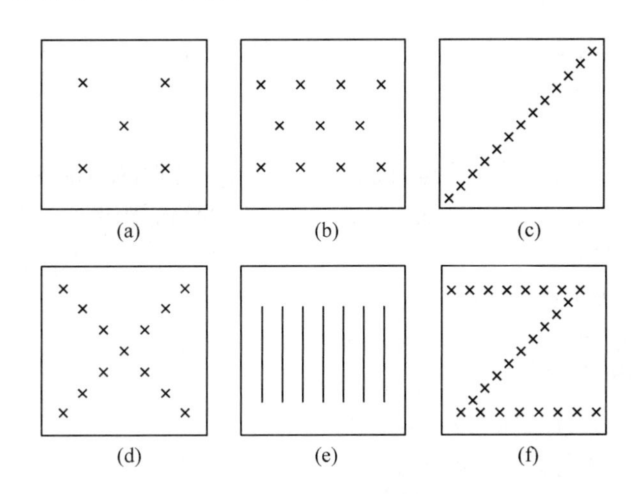

图 3-25　田间调查取样法

(a)五点式取样　(b)棋盘式取样　(c)单对角线式取样
(d)双对角线式取样　(e)平行线式取样　(f)Z 字形取样

①五点式：适宜于随机分布型中面积较小的样地调查[图 3-25(a)]。

②棋盘式：适宜于随机分布型[图 3-25(b)]。

③对角线式：包括单对角线式[图 3-25(c)]和双对角线式[图 3-25(d)]2 种，适宜于随机分布型。

④平行线式：适宜于核心分布型[图 3-25(e)]。

⑤Z 字形式：适宜于嵌纹分布型[图 3-25(f)]。

上述取样方法可根据调查对象的栖息、活动特点灵活运用。

3.10.2.2　虫害调查

在确定样地后，选取一定数量样株，调查虫口密度和有虫株率。虫口密度是指单位面积或单个植株上害虫的平均数量，它表示害虫发生的严重程度；有虫株率是指有虫株数占调查总株数的百分数，它表明害虫在草坪内分布的均匀程度。计算公式为：

$$\text{单位面积虫口密度(头/m}^2\text{)} = \frac{\text{调查总活虫数}}{\text{调查总面积}}$$

$$\text{每株虫口密度(\%)} = \frac{\text{调查总活虫数}}{\text{调查总面积}} \times 100$$

$$有虫株率(\%)=\frac{有虫株数}{调查总株数}\times 100$$

(1)地下害虫调查

对于栖息活动于地下的害虫，多采用挖土法进行调查。样方面积为0.5m×0.5m或1m×1m。样方深度根据季节、害虫种类而定。调查地下害虫的垂直分布，应分层次挖，一般按0～5cm、5～15cm、15～30cm、30～45cm、45～60cm等不同层次分别进行调查并填写虫口密度调查表。

(2)地上害虫调查

每个样点划定一定面积，调查其中地面和植株上的虫口数量。统计是以1m^{2}内的虫口数表示虫口密度。

适用于调查栖息地面及植株上的虫卵、幼虫、若虫、蛹及成虫。根据虫口的密集程度，样方面积可为1m^{2}或0.5m^2。

(3)网捕测定

沿布样路线，用标准捕虫网，边进行边在脚前横向往复挥网扫拂草层。对草坪昆虫扫网应特别加以注意的是网轨应基本与地面平行。个次挥网的间隔距离应基本相等，并注意计数挥网次数。捕虫网来回扫动一次为1复次，一般以10复次为一个样点。统计时以平均1复次或10复次的虫口数表示虫口密度。

适用于飞翔的昆虫或行动迅速不易在植株上计数的昆虫。

(4)诱集测定

利用昆虫的趋性，设计特殊的诱集器械捕获飞虫，并定时调查单位时间内每器诱获的虫口数。如利用黑光灯、汞灯诱集蛾类等多类飞虫；用糖、酒、醋液诱集地老虎；黄色盘诱集蚜虫和飞虱；谷草把诱集虫卵等。

当草坪昆虫种类较多，室外测定不能就地确认时，应将样品就地按样点妥善分装，并标明样地样号，带回实验室进一步鉴定。网捕法采集的昆虫往往量大且种类多样，一般需带回实验室整理鉴定。

如果采集的单个样本数量过大，可按随机取样原则，甩四分法连续取样，直至样本大小适中，再进行分检鉴定。

3.10.2.3 调查资料的整理

(1)鉴定害虫名称

将带回的样本害虫经过相应处理，做进一步的鉴定比较，最终确定害虫名称。

(2)汇总、统计调查

对野外调查资料数据进行整理汇总，并结合室内害虫鉴定结果进一步分析害虫大发生的原因。

(3)撰写调查报告

报告内容包括以下几方面：①调查地区概况，包括自然地理环境、草坪生产和管理情况。②调查成果总结，包括主要害虫种类，危害情况和分布范围，主要虫害的发生特点、发生的原因及分布规律(表3-8)。

表 3-8　草坪虫口密度调查统计表

调查人:		调查时间:		调查地点:			
调查面积(m^2)		取样方式:		样方数:			
样方面积(m^2)		样地虫口密度:					
取样点号	害虫名称	虫期	栖息部位	危害部位	危害状	虫口数	虫口密度(头/m^2)

3.11　草坪虫害化学防治

土壤有机物质对常用杀虫剂有很强的吸附作用，枯草层阻碍杀虫剂深入土壤，从而严重降低杀虫剂对地下取食害虫的防效，这是草坪虫害防治中较为明显的一个问题。因此，试验前要进行耙草处理，打破枯草层的絮结紧密度，以此提高药剂渗入土壤的比例，从而提高防效。

3.11.1　田间药效试验设计方法

(1)选地

选择地力、草坪管理水平、草坪草品种等一致，虫害发生有代表性的草坪进行试验。

(2)设置重复小区试验

每项处理设3~4次重复，以减少试验误差。

(3)设置对照区

对照区通常分空白对照区和标准对照区两种。空白对照区设计的目的是获得杀虫剂新品种的真实防治效果；标准对照区是以当地常用杀虫剂或目前防治效果最好的杀虫剂作为标准药剂对照。

(4)设保护行

试验地应设保护区和保护行，以避免外来因素的干扰。

3.11.2　田间药效试验类型和程序

3.11.2.1　田间药效试验类型

①杀虫剂品种比较试验：杀虫剂新品种在投入使用前或在当地从未使用过的品种，需要做药效试验，为当地大面积推广使用提供依据。

②杀虫剂剂型比较试验：对杀虫剂的各种剂型做防治效果对比试验，以确定生产上最适

合的剂型。

③杀虫剂使用方法试验：包括用药量、用药浓度、用药时间、用药次数等进行比较试验，综合评价杀虫剂的防治效果，以确定最适宜的使用技术。

④特定因子试验：针对不同环境条件对药效、药害、杀虫剂混用等问题进行的试验。

3.11.2.2 田间药效试验程序

①小区药效试验：杀虫剂新品种经过实验室测定有效后，需要进行田间实际药效测定而进行的小面积试验。

②大区药效试验：在小区药效试验基础上，选择药效较高的杀虫剂进行大区药效试验，进一步观察药剂的适用性。

③大面积示范试验：经小区和大区试验后，选择最适宜的杀虫剂使用技术进行大面积示范试验，经过实践检验后切实可行的，方可正式推广使用。

3.11.2.3 田间药效试验的方法

(1)小区药效试验

① 确定试验处理和小区面积，根据试验项目和试验材料，首先确定试验处理的项目，然后参照试验的土地条件、草种、管理水平、害虫习性等确定试验面积。小区试验面积通常为15～50m^2。

② 小区设计通常采用随机区组设计，区组数与重复数相同，一般设置重复3～4次。每个区组包括每一种处理，每一种处理只出现1次，并随机排列。

③ 设置保护区在试验区四周设保护区，保护区宽度可根据试验地面积、草种等来确定。田间设计图可参考图3-26。

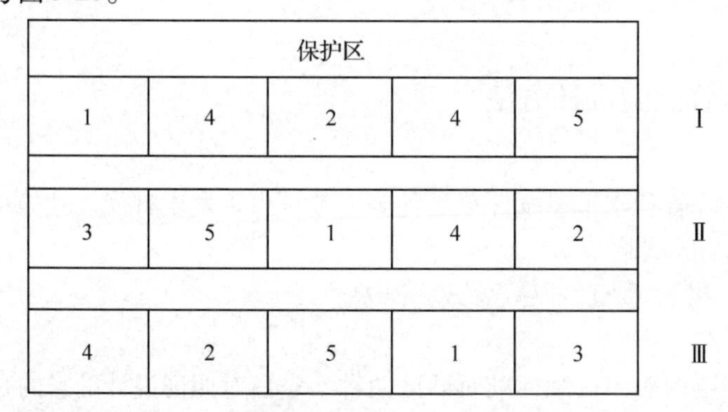

图3-26 5个处理3次重复的随机区组排列

④ 小区施药作业首先在小区施药前要插上处理的项目标牌，然后按供试杀虫剂品种及所需浓度施药。通常喷雾法施药先喷清水作为对照区，然后是药剂处理区，不同浓度或剂量的试验应按从低到高的顺序进行喷药。施药时除试验因子外，其他方面应尽量保持一致。

(2)大区药效试验

大区试验需3～5块试验地，每块面积为300～1 200m^2，试验可不设重复，必要时可设几次重复。大区试验一般误差较小，试验结果的准确性较高。试验应设标准药剂对照区。

3.11.3 喷药操作

3.11.3.1 喷洒方式

(1)喷粉

将粉剂直接放入喷粉机(图3-27)的药箱中，启动机械直接向草坪坪床喷洒粉剂农药。喷洒过程中尽量均匀覆盖整个草坪面。为避免粉尘飘移污染，尽量选择晴天无风的早晨进行。

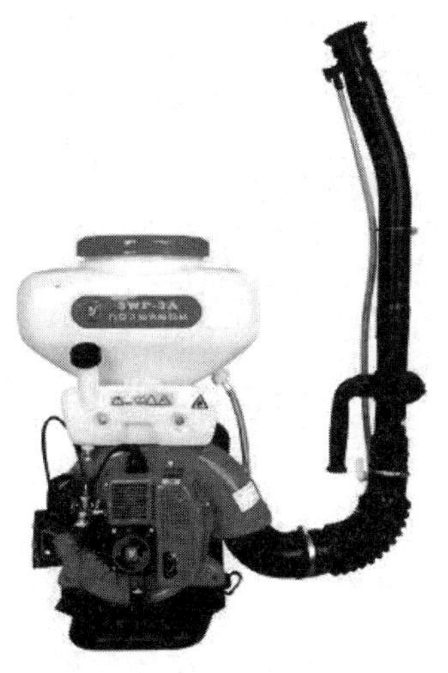

图3-27 机动喷粉机

图3-28 电动喷雾器

(2)喷雾

将药剂与水按照规定的比例混合均匀后倒入喷雾器(图3-28)的储药箱中。启动机器后对草坪进行喷洒液体药剂，注意均匀喷洒，喷雾量大小尽量保持一致。为避免药剂浪费，最好选择无风晴朗的天气进行喷雾。

3.11.3.2 草坪喷药机的操作

(1)草坪喷药机的种类

草坪喷药机可以分为背负式机动喷雾喷粉机(图3-27、图3-28)、背负式手动喷雾器(图3-29、图3-30)和牵引式喷杆喷药机(图3-31)。

(2)草坪喷药机的操作及使用

①作业前对喷药机器进行全面检查和维护，各连接部件是否松动、螺丝是否紧固，接头是否畅通且不漏液、漏粉，各转动部件是否转动灵活。

②检查压力表和安全阀是否正常，开关是否灵活。

③根据喷药作业的具体要求，正确选择喷药机器的类型、喷头的形式及喷孔的尺寸。

④对于拖拉机牵引的喷杆式喷药机，认真检查发动机的启动是否正常，机油、汽油是否足够。检查喷药杆的位置是否调节到位，喷头是否堵塞。检查输送药液的各个管道是否通畅，是否有渗漏现象。对各注油点加注润滑油。

⑤牵引式喷杆喷药机的喷雾组件高度，应根据草坪的种类和生长高度的不同，进行相应的调整。在调整时松开顶部螺丝，将喷杆调至适当高度后，拧紧螺丝即可。

⑥药液或药粉不可加的过满，一般为药箱容积的4/5，加药时不要将药液撒在机器上，以防腐蚀机器的零部件。

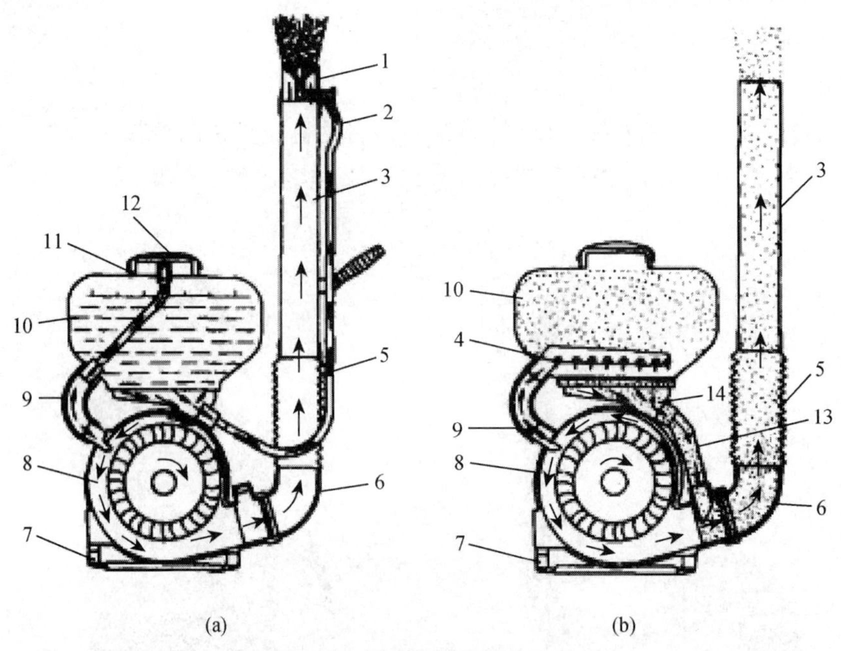

图3-29　机动喷雾喷粉机示意

(a)喷雾　(b)喷粉

1. 喷雾头　2. 药液管　3. 直喷管　4. 吹粉管　5. 波纹管　6. 风机弯头　7. 机架　8. 风机　9. 引风管　10. 药箱　11. 过滤器　12. 药箱盖　13. 输粉管　14. 粉门

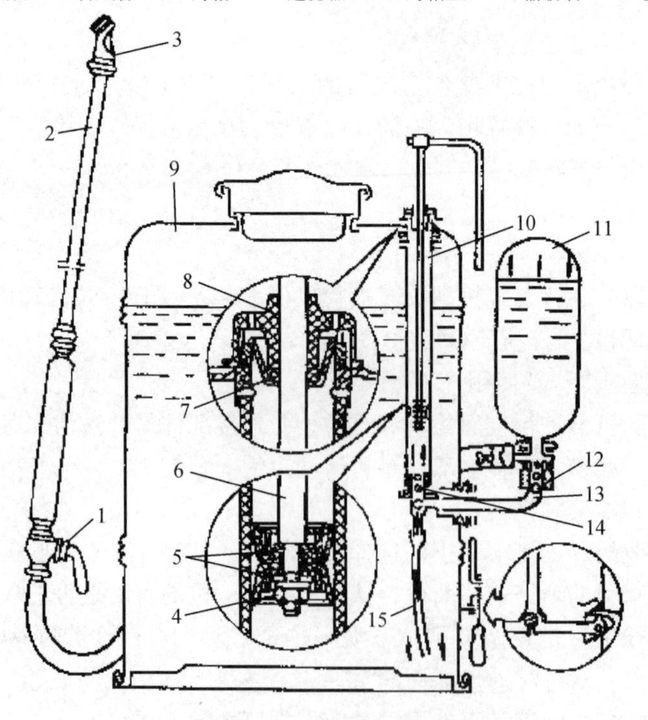

图3-30　手动喷雾器示意

1. 开关　2. 喷杆　3. 喷头　4. 固定螺母　5. 皮碗　6. 活塞杆　7. 毡圈　8. 泵盖　9. 药液箱　10. 缸桶　11. 空气室　12. 出水球阀　13. 出水阀座　14. 进水阀座　15. 吸水管

⑦按照直线进行喷药作业，按规定的行走速度匀速行驶，以保证单位面积的施药量。

⑧喷雾最好在无风凉爽的天气下进行。

⑨开启喷药前，应使机器的压力泵处于卸压的位置，调低压力。启动发动机后，如泵液排液正常，把调压手柄调至加压位置，逐渐加压到正常工作压力即可开始喷药。

⑩作业中应随时注意喷药的质量和压力的变化。喷药压力不稳定时应及时检查，发现问题及时排除。

⑪喷药作业结束后，应用清水清洗药液箱、压力泵、喷管及喷头，同时将喷杆内的残留药液用清水清除干净。

⑫向喷粉机添加粉剂时，先将粉门与风门关闭，粉剂应干燥、不得有杂物。

⑬加粉剂后旋紧药箱盖，并打开风门。在喷洒粉剂时，应不断抖动喷管，以防管中残留粉剂。

⑭喷粉作业结束后，应继续空转数分钟，排空残存的药粉，并及时清洗化油器和空气滤清器。

⑮选用手动喷雾器进行喷药时，要合理选用喷杆和喷头。给草坪喷药应选用空心圆锥喷头，空心喷头有大孔和小孔的喷头片，大孔的流量大，雾滴也大；小孔的反之，应根据喷药量大小灵活选用。

⑯手动式喷雾器在操作时，每分钟摇动手柄18～25次，动作要平稳，尽量保持药箱水平，以防药液从桶盖溢出。药液高度不得超出药筒上的刻度线，以免机器内空气室压力过大出现爆裂。喷药结束后，需用清水继续喷洒几次，以洗净药桶、喷杆及喷头中残留的药液。

图3-31　牵引式喷杆喷药机

(3)喷药其他注意事项

①喷雾作业前，先用清水试喷一次，检查各处有无渗漏，药液不要太满。

②喷粉作业时，粉剂应干燥，不得含有杂草、杂物和结块，加粉后应拧紧药盖。启动发动机稳定在额定转速后，再开启喷雾或喷粉开关。

③无论是喷雾还是喷粉，都必须顺风作业。停止作业时，先关掉粉门或药液开关，再关汽油机或电动开关。

④药液在使用前必须经过过滤，以免杂志堵塞喷孔影响喷药质量。

⑤使用完毕后，清理药箱内残留的粉剂或药液，洗刷药箱，检查各处是否有漏水、漏油现象，如有及时排除。

⑥在喷药的过程中，严格按照喷药机操作规程，规范喷药。穿戴防护服，佩带防护口罩、护目镜，喷药后48小时内不要让皮肤长时间接触喷药草坪。

3.11.4 田间药效调查与统计

(1)调查时间

杀虫剂药效通常用虫口减退率或害虫死亡率来表示。一般在施药后1d、3d、7d各调查1次。

(2)调查方法

杀虫剂的田间药效调查取样方法与虫害的田间调查方法相同。

(3) 防治效果统计

$$\text{害虫死亡率}(\%)=\frac{\text{施药前活虫数}-\text{施药后活虫数}}{\text{施药前活虫数}}\times 100$$

如果害虫自然死亡率较高，药效期内虫口变化较大用上式计算则不能真正反映药剂的效果，应在试验时设不施药的对照区，计算校正死亡率，公式如下：

$$\text{校正死亡率}(\%)=\frac{\text{施药区害虫死亡率}-\text{对照区害虫死亡率}}{1-\text{对照区害虫死亡率}}\times 100$$

第4章

草坪建植、管理与评价

4.1 草坪建植

让学生掌握草坪建植的基本方法，熟悉草坪建植栽培技术，了解草坪建植的应用价值和实践意义。

4.1.1 材料和设备

①待建、已整好的草坪场地若干块。

②草坪草种子若干(约20kg)、狗牙根和结缕草草茎。

③手推式播种机、钉耙、铁辊、秧绳、铁锹等(图4-1)。

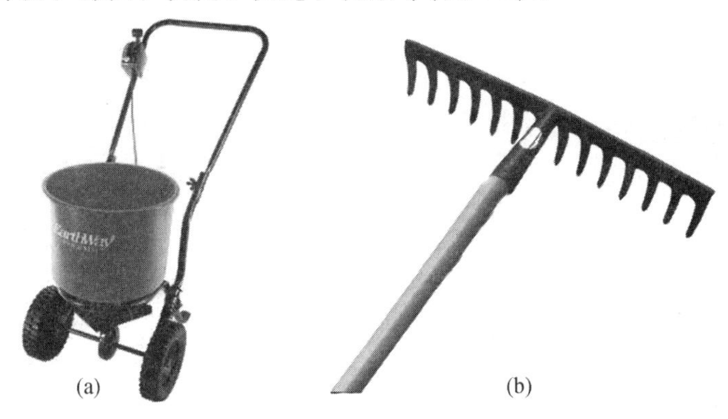

(a) (b)

图4-1 播种机用具

(a)手推式播种机 (b)钉耙

4.1.2 草坪建植方式

4.1.2.1 种子直播

(1)选种

在播种前根据种子标签，了解种子的质量，主要包括种子纯度、发芽率、水分含量、种子活力、千粒重等指标。

(2)精整场地

用钉耙按东西、南北向由四周向中心耙耧场地，达到中间高四周低，平而细实。

(3)播种

草坪种子播种方法分为手工撒播和手推式播种机播种。用秧绳将场地分块，按分块面积和播种量称取种子，然后采用撒播或手推式播种机进行播种。要求每块地的种子经2~3次重复播完，力争均匀一致。常用草坪种子单播播种量见表4-1。

(4)盖籽

土质黏重的土壤若表土土块的直径小于1cm，播种后用钉耙顺一个方向轻轻翻动表土或用竹帚轻扫一遍；若表土直径在1cm以上则不需翻动土壤。对于偏沙的土壤，播种后要用钉齿耙轻轻翻动表土，以使种子入土0.5cm左右。

(5)镇压

用铁辊(重约60~200kg)镇压一遍(图4-2)。

(6)浇水

第一次要浇足水，以后每天浇水1~2次，保持土表呈湿润状至齐苗。

(7)覆盖

待第一次浇水后表土稍发白时，用草帘或草袋覆盖，或在浇水前覆盖，覆盖后再浇水。

表4-1 常用草坪草种子克粒数与单播播种量

草种名称	千粒重(g)	克粒数	平均单播量(g/m²)
结缕草	0.36	2949	10
一年生黑麦草	3.16	338	35
普通狗牙根	0.46	2330	10
华南半细叶结缕草	0.24	4350	8.5
假俭草	0.22	4760	16.8
地毯草	0.46	2329	8.6
巴哈雀稗	1.76	579	33.8
白三叶	0.64	1670	3.7
红三叶	1.81	547	2.7
野牛草(种球)	19.3	50	22.4
草地早熟禾	0.35	2780	7.9

4.1.2.2 草坪播种机及其操作

(1)播种机的类型

按操作方式不同可分为手推式播种机[图4-1(a)、图4-3]、肩挎式手摇撒播机(图4-4)、牵引式草坪播种机(图4-5)。

(2)草坪播种机的操作使用

①在播种前，操作人员要先认真学习使用手册，掌握播种设备和机械的操作技术规程。

②作业前认真检查播种设备和机械是否能正常运转，各结构的零部件是否损坏，如有损坏应及时更换。检查燃油是否充足。

③仔细检查设备播种的通道是否通畅，如有堵塞，应及时处理，确保播种的效率和质量。

图 4-2　播种后镇压

④播种前先根据播种面积制定播种量，按照设备移动速率、播种量来调整排种速率。确保播种的均一性。

⑤将种子放入种子箱或种子袋后，要将种子搅拌均匀，保持干燥。最好在晴朗、无风的天气下进行播种作业。

⑥在播种过程中按直线方向行进。对于手摇播种器的操作者行走速度保持一致，手摇动均匀。

⑦如种子较轻或较少，可以适当掺入少量沙子拌匀，再进行撒播。

⑧不同的种子要选择不同的下播速度，这样能保证种子出面后是均匀铺设的，不能每种草的种子都是一个下播速度，以免造成播种通道的堵塞。

⑨播种作业完成后，要将播种机的内外清理干净，除了垃圾之外，种子也要清理，防止种子上的农药、水分等对播种机造成腐蚀，以免缩短播种机的使用寿命。

图 4-3　手推式播种机

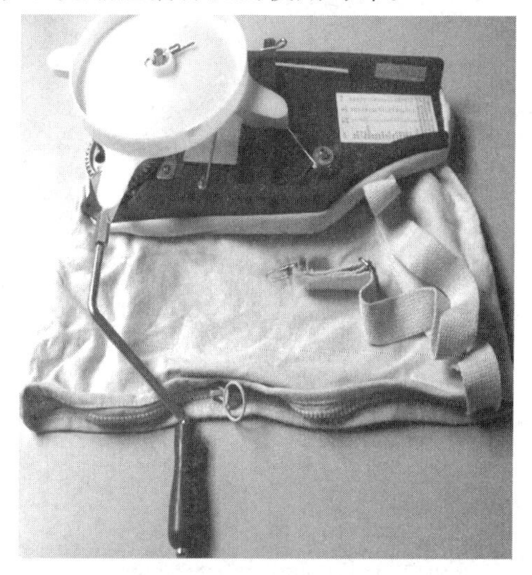

图 4-4　肩挎式手摇撒播机

4.1.2.3 营养体繁殖

营养体繁殖是指利用草坪草匍匐茎或根茎进行无性繁殖的种植方式。

①精细整地：用钉耙从场地四周往中心耙耧，每隔 10m 左右耙细土 1 堆(约 0.5m^3)。

②播草茎：将收割来的草茎抖松、抖散，均匀撒播场地(每平方米约播草茎 0.25 ~0.35 kg)，或扦插于场地(图 4-6)。

③覆土：边播草茎边覆细土，力争每一草茎都能覆上细土(图 4-7)。

④镇压：用铁辊(重约 100 ~150kg)在覆上细土的草坪场地上镇压 1 ~2 遍，要求草茎和土面密接，场地平整细实(图 4-8)。

⑤浇水：用皮管或喷灌浇足水。以后每天浇水 1 ~2 次，保持土壤呈湿润状态至草茎生根发芽。若天气干旱，土壤墒情贫乏，在播草茎前一天先浇足水，待上面稍发白不黏脚时再播草茎，能防止草茎失水，提高成活率(图 4-9)。

图 4-5 德国阿玛松牵引式草坪播种机

图 4-6 播草茎

图 4-7 覆土

图 4-8　草茎覆土后镇压

图 4-9　浇水

4.2　草坪施肥

草坪施肥是草坪日常养护中不可缺少的环节，为了保持相对稳定的草坪质量和坪用性状，必须定时根据草坪生长情况和土壤条件来判断是否需要施肥。本实习主要目的是让学生了解和掌握常用草坪肥料的种类；熟悉草坪施肥的方式，能根据草坪植株的生长情况制定施肥方案。

4.2.1　草坪营养缺乏症

4.2.1.1　缺氮的诊断

氮素营养不足时，会出现如下症状：

(1)叶片

叶片变小且直立，与茎秆夹角变小，叶色淡绿，严重时呈黄色。通常失绿的叶片色泽均一，不出现斑点或花斑。缺氮症状通常先从老叶开始，下部老叶较快地变黄而提早脱落，逐渐扩展到上部幼叶。

(2)根和茎

植株生长矮小，分枝或分蘖减少，根量少，且生长后期停止伸长，呈现褐色。

(3)花和果实

稀少，植株容易早熟，对于收籽植物来说，种子小而不饱满，显著影响种子的产量和品质。

4.2.1.2 缺磷的诊断

缺磷时，植物生长缓慢，矮小、瘦弱、直立，上部叶片常常不够开展，根系发育不良，成熟延迟，籽实细小，严重时，叶片枯死脱落。

缺磷可使禾本科类植物分蘖延迟或不分蘖，整个植株似成簇状，分枝减少。一般缺磷后草坪植物的老叶表现明显，先为暗绿，后呈紫红色或微红，叶心以下 2~3 片叶尖枯萎呈黄色；老根发黄，新根少而细。植株稀疏，繁殖器官过早发育，茎叶生长受到抑制，引起植物早衰。

4.2.1.3 缺钾的诊断

植物缺钾初期，表现生长缓慢，叶片呈暗绿色。缺钾的主要特征如下：

(1)禾本科植物

缺钾初期，全部叶片呈暗绿色，叶质柔弱并卷曲，后期下部老叶出现褐色斑点，叶尖及边缘变黄，叶脉间变黄色，再变成棕色以致呈焦枯状死亡，严重时新叶也出现同样的症状。茎秆细弱，节间短，虽然正常分蘖，但成穗率低，抽穗不整齐，田间局部出现杂色，散乱生长以致倒伏；结实率差，籽粒不饱满。

(2)豆科植物

缺钾时首先出现脉间失绿，进而转黄，呈花斑叶，严重时叶缘焦枯向下卷曲，褐斑沿脉间向内发展，叶表皮组织失水皱缩，叶面拱起或凹下，逐渐焦枯脱落，植株早衰。

我国南方酸性土壤，砂土以及某些高产地区易出现缺钾现象。

4.2.2 确定草坪施肥量

草坪草对氮、磷、钾需求量较大，在制定施肥量时应确保这 3 种大量营养元素的施用量能满足草坪生长需求。不论使用何种肥料，通常以元素氮的质量百分比(N%)来表示肥料的含氮量，用 P_2O_5% 表示有效磷、用 K_2O% 表示有效钾的含量，在确定施肥量时一般先确定肥料中氮、磷、钾的有效含量，即按照肥料相对分子质量折算出 N、P_2O_5 和 K_2O 的质量百分数。施用氮、磷、钾肥的用量亦一般指纯氮(N)、有效磷(P_2O_5)及有效钾(K_2O)的量。

4.2.2.1 氮素施用量

从草坪养护管理水平、草坪种类及品种、土壤养分状况及天气状况等方面综合考虑，确定氮肥施用量。以尿素为例，化学式为$(NH_2)_2CO$，相对分子质量为 60，氮素含量(N%) = $14 \times 2 \div 60 \times 100\% = 46.7\%$，若需施用氮素 30g，则尿素用量 = $30 \div 0.467 = 64.24$g。

根据草坪管理的不同要求，氮素施用量如下：

① 粗放管理草坪，质量要求低，每个生长季适当补充氮素。

② 精细管理草坪，需肥量大，每个生长季施用氮素 30~40g/m^2。

③ 普通绿化草坪，每个生长季施用氮素 10~20g/m^2。

表 4-2　常见草坪草对氮素的需求量

冷季型草坪	生长季需氮量(g/m^2)	暖季型草坪	生长季需氮量(g/m^2)
草地早熟禾	12～30	结缕草	9～20
粗茎早熟禾	12～30	野牛草	4～10
多年生黑麦草	12～30	普通狗牙根	16～30
高羊茅	12～30	杂交狗牙根	19～40
紫羊茅	3～12	地毯草	4～12
细叶羊茅	3～12	假俭草	3～12
匍匐翦股颖	15～40	巴哈雀稗	3～12
细弱翦股颖	15～30	钝叶草	15～30

氮素施用过程中，应将速效氮肥或缓释氮肥结合使用，施用速效氮肥应少量多次，每次不超过 $5g/m^2$，施完后立即浇水防止对草坪造成灼伤。常见草坪一个生长季的氮肥需要量见表 4-2。

在生长季节，暖季型草坪草每月氮肥用量大约为 0.576 $kg/100m^2$，在黏重的土壤中生长的草坪氮素用量要适当减少，对于降雨量较大地区的沙质土壤应适当增加氮肥施用量。根据草坪生长状况，冷季型草坪草在 3～6 月份施用氮素大约为 0.488～0.734 $kg/100m^2$，8～9 月施用 0.978 $kg/100m^2$，进入深秋后增施氮素约 0.489～0.733 $kg/100m^2$。

4.2.2.2　磷肥施用量的确定

磷酸氢二铵为例，化学式为 $(NH_4)_2HPO_4$，相对分子质量为 132；含 P_2O_5 量为 53.8%（142÷2=71，71÷132×100%=53.8%）；若施用有效磷(P_2O_5)2 kg，则需要磷酸氢二铵的量为 2÷0.538=3.72 kg。

① 一般养护水平草坪，P_2O_5 的施用量为 0.5～1.5 $kg/100m^2$。

② 高养护水平草坪，P_2O_5 的施用量是 1.0～2.0 $kg/100m^2$。

③ 新建草坪，P_2O_5 施用量为 0.5～2.5 $kg/100m^2$。

一般禾本科植物对磷的反应不敏感，豆科植物对磷的反应敏感。缺磷的土壤往往也可能缺氮，如果存在缺氮限制性因素，仅施磷肥也不可能表现增产效应。所以氮磷配合对提高植物产量、提高磷肥利用率就显得十分必要。

4.2.2.3　钾肥施用量的确定

以氯化钾为例，化学式为 KCl，相对分子质量为 74.5，含 K_2O 量为 63%（94÷2=47，47÷74.5×100%=63%），若需施用有效钾(K_2O)2.5kg，则需要氯化钾的量为 2.5÷0.63=3.97kg。通常在制定了草坪氮肥和磷肥的施用量后，应根据禾本科草坪植物中氮素、有效磷、有效钾含量比例确定钾肥的施用量。

一般禾本科草坪草中氮素(N)、有效磷(P_2O_5)、有效钾(K_2O)含量比例为 3∶2∶2、5∶4∶3 和 4∶3∶2 等，可依据草坪植株和基质土壤的有效养分含量状况制定钾肥的施用量。

4.2.2.4　确定草坪施用肥料的种类

根据制定的草坪肥料用量和氮、磷、钾的比例，进一步确定草坪施肥的肥料种类。

① 氮肥主要有尿素、硝酸铵、碳酸氢铵等。

② 磷肥主要有过磷酸钙、磷酸铵、磷酸氢二铵等。

③ 钾肥主要包括氯化钾、硫酸钾等。同时还包括各种缓释氮肥和复合肥。

4.2.3 草坪施肥方式

草坪施肥的主要方式包括：人工撒施、叶面喷施、机械撒施及喷灌施肥。

(1)人工撒施

草坪面积较小坪床的施肥一般采取人工撒施。施肥时注意手的摆动姿势和行走的速度，确保肥料能均匀覆盖坪床。

(2)叶面喷施

对于液体肥料或其他水溶性肥料，一般采用叶面喷施。在施肥量小于 $200L/hm^2$ 的情况下，叶面喷施的肥料不会造成草坪草叶片的灼伤。为了达到节约成本，省时省力的目的，通常将叶面肥与农药等一起施用，可以起到防虫治病及肥料补充的双重效果。

(3)机械施肥

机械施肥机分为液体肥料施肥机和固体颗粒肥料施肥机(图 4-10)。用下落式施肥机施肥时，肥料颗粒通过基部小孔掉落到草坪上，一般呈条带型分布，肥料颗粒均匀度不高。有的地方施肥较多，有的较少，施肥宽度较窄，施肥的效率相对较低。旋转式施肥机在草坪施肥中应用较广。

图 4-10 颗粒肥料施肥机

(4)喷灌施肥

通过将肥料与水混匀，经喷灌系统的管网将肥料输送到坪床各个部位，实施方便，节省人力成本。但在喷灌施肥的过程中，要确保各个部位浇灌的肥料浓度大致一致。在使用喷灌排水系统的坪床上，如果喷灌系统的管路在草坪上的覆盖率不均一或者草坪地势不平坦，会造成施肥量不均衡或肥料流失，从而造成施肥效果不佳，草坪生长速率不一致。

4.2.4 确定草坪施肥时间

南方暖季型草坪草，夏季生长旺盛，在春末应施 1 次肥，保证夏季生长的营养需要。第二次施肥安排在夏天进行，满足秋季草坪生长需要。

冷季型草坪，在 3 ~ 4 月、5 ~ 6 月、6 ~ 7 月、8 月和 9 月分别施 1 次肥，进入深秋后再施 1 次肥，根据草坪生长状况和天气条件灵活调整施肥时间和次数。

此外，应根据草坪的外观特征如叶片颜色、叶片生物量、生长速度等及时调整施肥时间和方案。当草坪叶色变淡或分蘖变稀疏时及时增施肥料。在生长旺季草坪叶色变暗、发黄，出现叶片枯死时立即补充氮肥，叶片发红、呈暗绿色应补施磷肥，植株分支节部缩短，叶脉发黄，叶片枯黄应及时补充钾肥。

4.2.5　草坪施肥机及其操作

4.2.5.1　草坪施肥机的类型

目前草坪施肥机可分为3种类型：转盘式(图4-11、图4-12)、拖拉机牵引气力式施肥机(图4-13)。液体肥料可用喷药机或喷灌设备喷洒。

图4-11　手推式转盘施肥机　　**图4-12　随走式转盘施肥机**

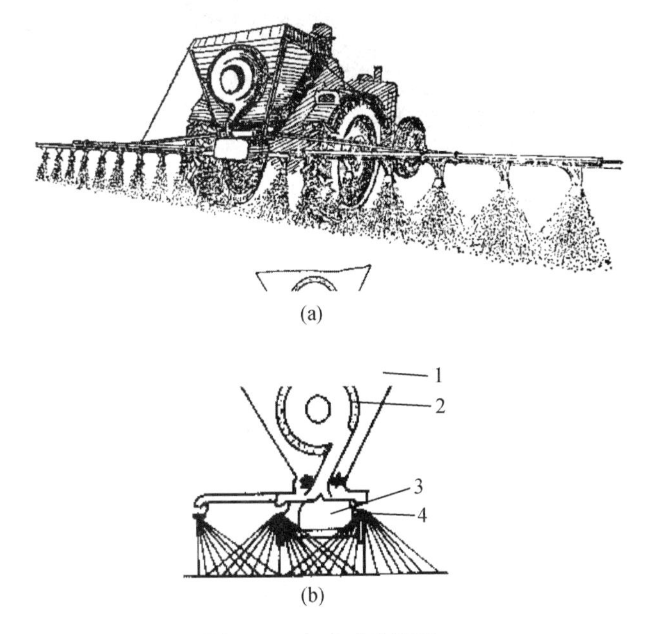

图4-13　气力式施肥机

(a)气力式宽幅施肥机　(b)结构原理图

1. 肥料箱　2. 风机　3. 传动箱　4. 反射盘

4.2.5.2 施肥机的操作使用

①使用前认真阅读施肥机的使用说明书，严格按照操作规程进行操作。

②操作人员应穿戴长袖衣裤、手套，做好个人防护。

③对于带动力的施肥机，启动前仔细检查汽油、机油是否足够，发动机是否能够正常启动。

④作业前仔细检查传动装置、施肥装置是否能正常运转，发现损坏的零部件应立即更换。

⑤转盘式施肥机是设备在前进过程中带动旋转的转盘，利用离心力将肥料撒出。作业中肥料箱中的肥料在振动板作用下，下流到快速旋转的撒肥盘上，排肥量需通过排肥活门进行调节。

⑥在一趟作业中撒下的化肥沿纵向与横向分布都不是很均匀，需要通过重复作业来改善其均匀性，不要出现漏施现象

⑦为提高撒肥的效果，可将撒肥盘上相邻叶片制成不同形状或倾角使叶片撒出的肥料远近不等或分布各异，以提高肥料在草坪上分布的均匀性。

⑧作业中尽量使肥料的颗粒大小、密度和形状保持一次，施肥前用施肥箱中的搅拌装置将肥料搅拌均匀，将结块的肥料充分打散。同时保持肥料箱和撒播装置的干燥，不能有水，以免与肥料颗粒相互粘连影响施肥效果。

⑨作业中应确保施肥设备沿直线前进，并根据肥料下落量及时调整行进速度。

⑩施肥机每次使用完毕后，应及时清洗。因为化肥大多数都具有一定的腐蚀性，防止出现施肥机排肥不顺畅，零部件生锈及卡死等故障。

4.3 草坪灌溉

通过实习，使学生了解草坪坪床水分蒸腾特性，掌握草坪灌溉的基本原理和方法，并能够根据草坪植株生长情况，自行实施草坪灌溉。

4.3.1 草坪水分需求观测

4.3.1.1 观察方法

草坪植株在出现生理干旱缺水时，一般会表现出一定的缺水症状，如叶片下垂，叶片萎蔫，叶面边缘卷曲，叶色变淡等。

(1)土壤观察法

用小刀或土壤钻分层取土，当土壤干至10~15cm时需要灌水。土壤水分含量较低时颜色呈灰白色或浅白色，当水分含量正常时颜色变深变暗。

(2)仪器检测法

利用张力计测量土壤的水势，确定坪床土壤中草坪草可利用的水分含量是否正常(图4-14)。

(3)蒸发量测定法

在草坪坪床上放置一个水分蒸发皿，根据蒸发皿中水分蒸发量，大致判断土壤中蒸发散失的水量，同时结合草坪叶片的表观形态，确定是否需要灌溉及灌水量的大小。

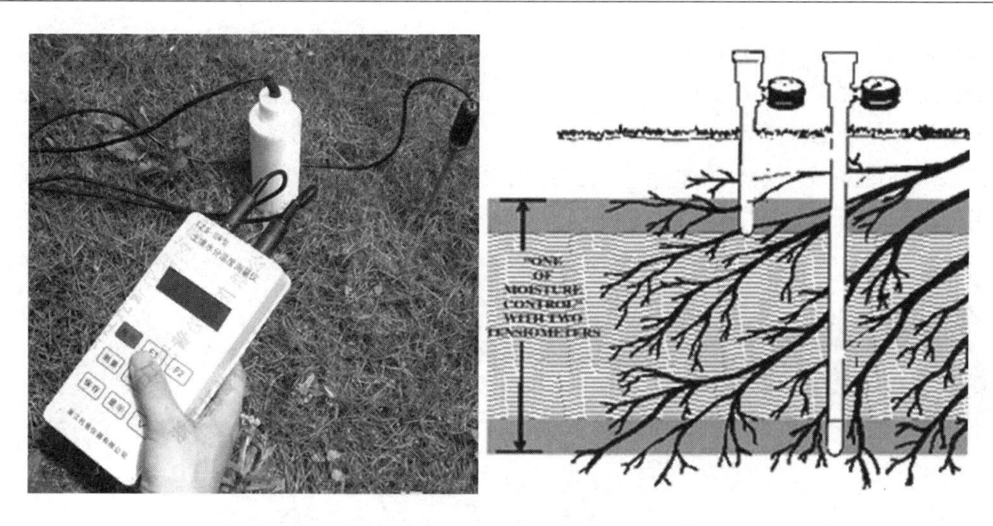

图4-14　土壤张力计和土壤水势仪

4.3.1.2　灌水量的定量计算

当草坪坪床的含水量处于适当的范围之内，才能满足草坪的日常生长和发育。通常以坪床土壤的田间饱和持水量为适宜含水量上限，以饱和持水量的60%作为适宜含水量的下限。坪床土壤的湿润层厚度与草坪根系深度直接相关，大约为30～40cm。当坪床土壤含水量低于饱和持水量60%时，就需要对坪床进行灌水。灌水量的大小可根据下列公式计算：

$$M = rH(\beta_{max} - \beta_{min})$$

式中　M——灌水额定(t/m^2)；

R——土壤容重(t/m^3)；

H——计划湿润层深度(m)；

β_{max}——计划湿润层内适宜坪床土壤含水量上限，一般等于饱和持水量(占干土中的百分比)。

β_{min}——计划湿润层内适宜坪床土壤含水量下限，一般等于饱和持水量的60%(占干土中的百分比)。

4.3.2　草坪灌溉的实施

4.3.2.1　坪床表面漫灌

用自来水管或灌溉系统水管向整个坪床表面进行流水灌溉。也可以通过洒水车的喷洒接口，连接橡胶水管对草坪坪床进行大面积流水灌溉作业。此外，还可在草坪地表下埋设灌溉系统的管网，在坪床地表安装水龙头，再连接软水管进行大面积洒水漫灌。

此种灌溉方式对水的用量较大，在洒水灌溉过程中水压不能太大，以免损伤坪床表面草皮根系。

4.3.2.2　喷灌

喷灌是指利用水管输送系统和其他压力控制设备将水传送到灌溉草坪，并形成喷射的水珠洒落到坪床表面的一种灌溉方法。喷灌的灌水方式具有节水、浇灌面大、洒水均匀、操作方便、效率高等特点，是草坪灌溉上比较常用的灌溉方法。

目前常用的草坪喷灌设施包括管道式喷灌系统（图 4-15）、绞盘牵引式喷灌机（图 4-16）、电动平移式喷灌系统（图 4-17）、手推直连式喷灌机（图 4-18）及机组式喷灌系统。机组式喷灌系统是移动的车载喷灌设备，便于在需要灌溉的草坪地块间移动灌溉。

管道式喷灌系统一般是将输水管网固定铺设在地表下，喷水的竖管和喷头安装在地表，并均匀分布在坪床各个位置。

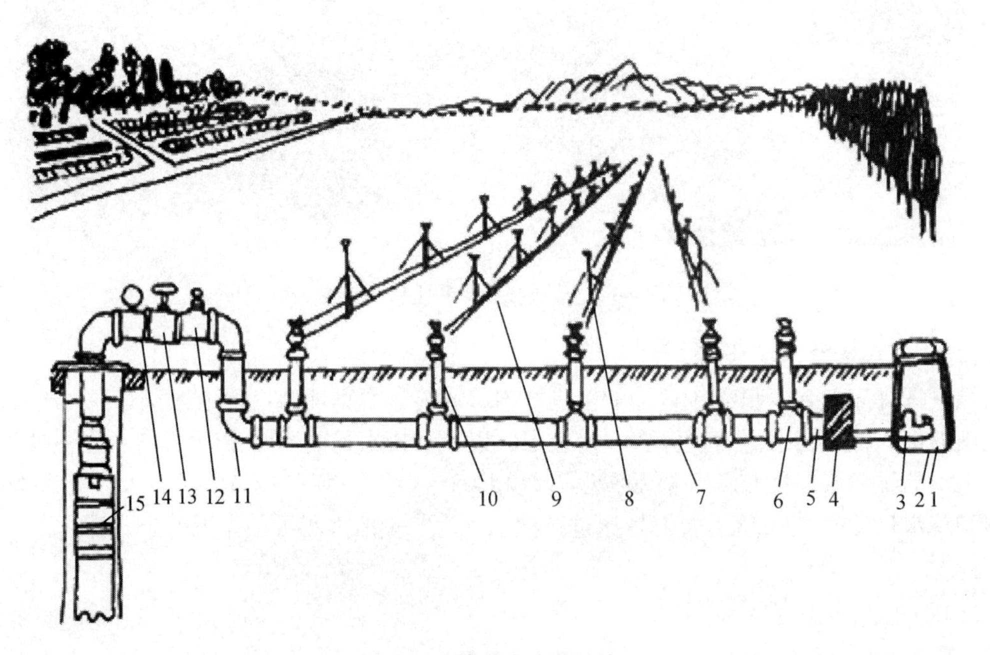

图 4-15 管道式喷灌系统

1. 沉淀池 2. 排水阀 3. 空气阀 4. 水泥块 5. 堵头 6. 三通接头 7. 塑料主管 8. 喷头 9. 支管 10. 出地管 11. 弯头 12. 放气装置 13. 闸阀 14. 测压装置 15. 水泵

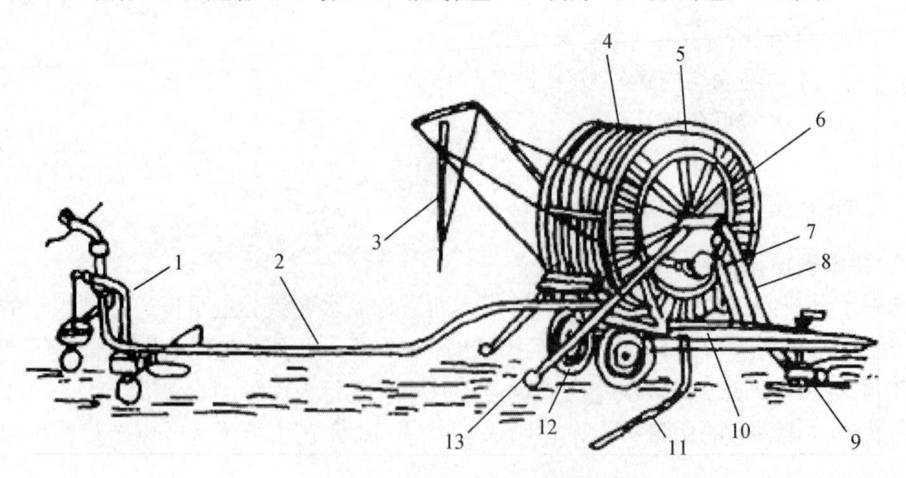

图 4-16 绞盘牵引式喷灌机

1. 喷头车 2. PE 软管 3. 喷头车收取吊架 4. PE 软管 5. 卷盘 6. 卷盘车 7. 伸缩支囊式水动力机 8. 进水管 9. 可调支腿 10. 旋转底盘 11. 泄水孔管 12. 自动排管器 13. 支腿

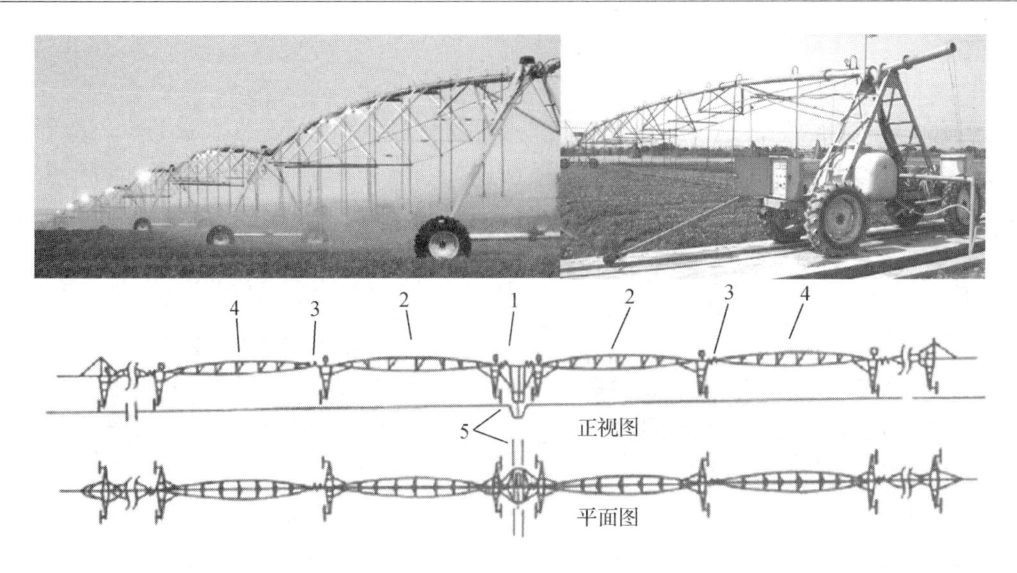

图 4-17　平移式喷灌系统

1. 中央跨架　2. 刚性跨架　3. 柔性接头腹架　4. 柔性跨架　5. 渠道

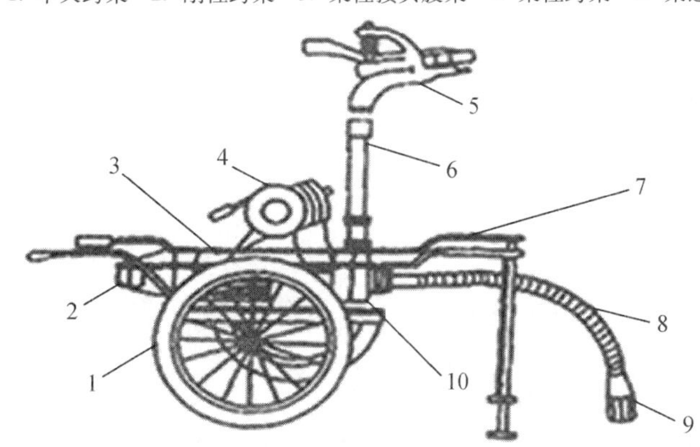

图 4-18　手推直连式喷灌机

1. 车轮　2. 开关　3. 电动机　4. 电缆　5. 喷头　6. 竖管　7. 机架　8. 吸水管　9. 底阀　10. 水泵

4.3.2.3　微灌

利用出水孔口非常小的滴管带，打开水阀开关将水一滴一滴均匀缓慢地滴灌在草坪上(图 4-19)，如水滴出水太慢，应将供水阀门开大，增加水压。

图 4-19　草坪微灌系统

4.3.3　灌溉注意事项

(1)灌溉强度

在单位时间或单位面积的草坪上灌水的体积或用量称为灌溉强度。实施喷灌过程中，要保证喷灌的水流全部渗入坪床土壤以下，不能在地表形成径流或大量积水。

(2)灌溉均匀度

在实施喷灌过程中，由于喷头射程有限，水量的分布一般为近处多、远处少。为了使喷射的水量均匀的覆盖整个坪床，必须将喷灌系统进行组合交叉或重叠，让喷灌的喷头能均匀地分布在坪床的各个位置，避免喷灌不均、漏喷或过分灌溉，保证灌水量大致相同。同时，在喷灌过程中要注意风向、风速的影响，风力较大时应停止喷灌作业，一般选择 8：00～9：00无风的天气进行喷灌。

(3)雾化度

雾化度是指喷头喷出的水在空中分散雾化成细小水珠的程度。对于苗期的草坪，灌溉喷洒的水滴不宜过大，以免伤害幼苗叶片。对于已成熟的草坪坪床在进行喷灌时，雾化程度要求相对较低，雾化指标(喷射水头与喷嘴直径的比值)一般介于 2 000～3 000 之间。

4.4 草坪修剪

草坪修剪是草坪日常养护的基本措施之一，对草坪的景观功能、生态功能等功效的发挥起到重要作业。通过本实习，让学生了解草坪修剪的意义，掌握草坪修剪及剪草机械的使用操作方法，使学生能够根据草坪的生长情况，实施草坪修剪工作。

4.4.1 草坪修剪的原则

(1)草坪修剪的 1/3 原则

草坪修剪过程中，为避免过度修剪造成草坪损伤，一般采用 1/3 原则，即草坪修剪的茎叶组织垂直高度不能超过总高度的 1/3，总的修剪量不能超过总组织生物量的 30%～40%(图 4-20)。

草坪修剪过低，会伤害草坪草的生长点，破坏草坪的再生恢复能力，草坪质量降低。但修剪太高，将影响草坪质地和美观，分蘖和叶片过密也容易滋生病虫害，叶片的光合作用、蒸腾呼吸等生理功能也会下降。

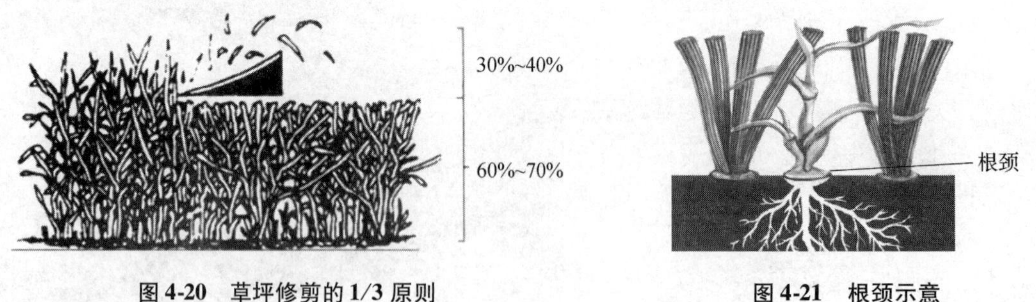

图 4-20 草坪修剪的 1/3 原则

图 4-21 根颈示意

(2)草坪修剪的根颈保护原则

根颈是指草坪植株根与茎的连接之处，或者说是植物地上部与地下部的交界处(图 4-21)。草坪修剪过程中不能将具有再生能力的组织剪掉，具有再生能力的组织包括：修剪后缺损的老叶，未被修剪的幼叶，茎秆基部的分蘖节。修剪中剪掉根颈，就会剪掉这些再生组织，草坪光合能力受到限制，造成碳水化合物等养分缺失，以至草坪再生所需养分不足。同时基部的分蘖节或生长点被剪除，草坪就失去了分蘖能力和再生能力，草坪会逐渐凋落消亡。

草坪若长时间未修剪且生长较茂盛，其根颈包括分蘖节和生长点会高出地面许多，此时不能一次性将草坪修剪到所需的高度，而应多次修剪，逐渐修剪到所要求高度，避免剪掉根颈，影响草坪再生。

4.4.2　草坪修剪的高度

修剪高度是指草坪修剪后茎叶的高度。不同草坪草修剪高度因其遗传特性和用途而不同。草坪草的修剪高度受多种因素的影响，包括生长特性、草坪用途等，总体原则是不影响草坪的正常生长发育及草坪功能的体现。暖季型和冷季型的草坪草修剪高度存在差异，一般冷季型草坪修剪留茬高度比暖季型草坪要高。常见草坪草的修剪高度见表 4-3。

表 4-3　常见草坪草的修剪高度　单位：cm

暖季型草坪草	留茬高度	冷季型草坪草	留茬高度
地毯草	2.5～5.0	黑麦草	4.0～5.0
野牛草	2.5～5.0	高羊茅	3.5～7.0
结缕草	1.5～5.0	紫羊茅	2.5～6.5
普通狗牙根	1.5～4.0	一年生黑麦草	3.8～5.0
杂交狗牙根	0.8～2.5	匍匐翦股颖	0.5～1.6
假俭草	2.5～5.0	细弱翦股颖	1.5～2.5
巴哈雀稗	2.6～5.2	草地早熟禾	2.5～5.0
钝叶草	3.5～6.5	粗茎早熟禾	3.8～5.0
格兰马草	5.2～7.5	沙生冰草	3.7～6.5

4.4.3　草坪修剪的频率

草坪修剪频率是指一定时间内进行草坪修剪的次数。制定草坪修剪频率需根据以下几方面因素入手。

(1)草坪草品种

不同草坪草的品种其生长速率不一样，因此修剪频率也不尽相同。黑麦草、翦股颖、紫羊茅等草品种生长较快，其修剪频率相对较高。假俭草等品种生长较慢，修剪频率相对较低。

(2)草坪用途及管理养护水平

不同用途的草坪，其草坪养护水平也不同。足球场、高尔夫球场等运动场草坪，由于承担特定的功能，其养护水平较高，修剪频率也较高。常见的绿化景观草坪、生态保护草坪等管理相对较粗放，修剪频率较低。

不同用途草坪草修剪的频率及次数见表 4-4。

表 4-4 常见草坪草修剪频率及次数

草坪场地	草坪草种类	修剪频率(次/月)			年修剪次数
		4~6月	7~8月	9~11月	
庭院	结缕草	1	2~3	1	5~7
	翦股颖	2~3	4~5	2~3	14~20
公园	结缕草	1	2~3	1	10~14
	翦股颖	2~3	4~5	2~3	20~30
校园、足球场	结缕草、狗牙根	2~3	4~5	2~3	20~30
高尔夫球场发球台	细叶结缕草	4~5	8~9	4~5	30~50
高尔夫果岭	细叶结缕草	12~13	18~20	12~13	70~90
	翦股颖	17~20	13~14	17~20	100~140

4.4.4 草坪剪草机及其操作

4.4.4.1 机械种类

剪草机械种类较多，有手扶随走式滚刀剪草机(图 4-22)、坐骑式旋刀剪草机(图 4-23)、电动手持式剪草机(图 4-24)、手推式旋刀剪草机(图 4-25)、随进式旋刀草坪剪草机(图 4-26)、坐骑式滚刀剪草机(图 4-27)、步行操纵往复式剪草机(图 4-28)和便携手持式剪草机(图 4-29)等。草坪修剪面积较大时用坐骑式剪草机修剪，小面积草坪可以用手推式剪草机进行剪草。

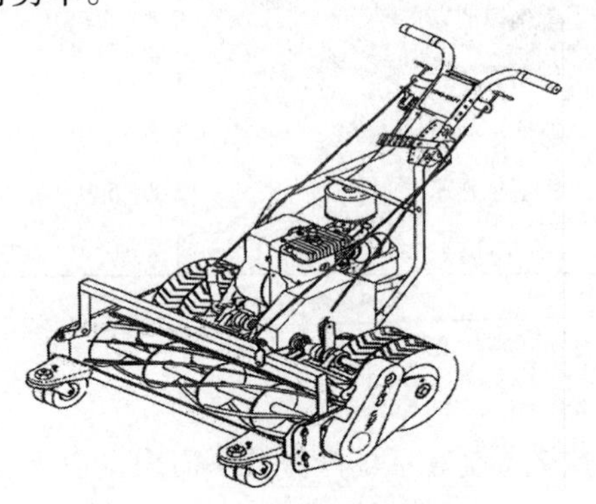

图 4-22 手扶随走式滚刀剪草机

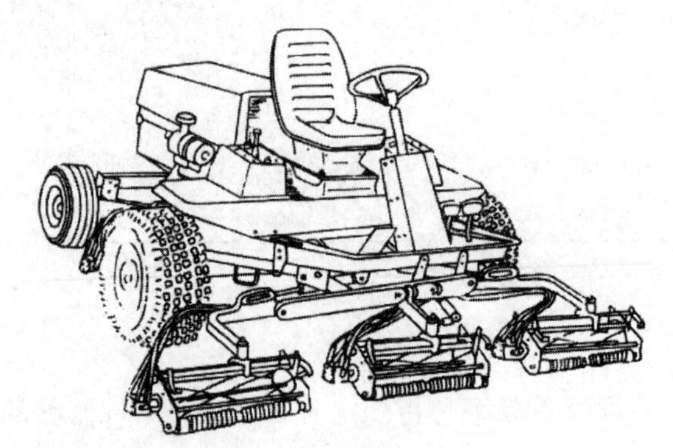

图 4-23 坐骑式滚刀剪草机

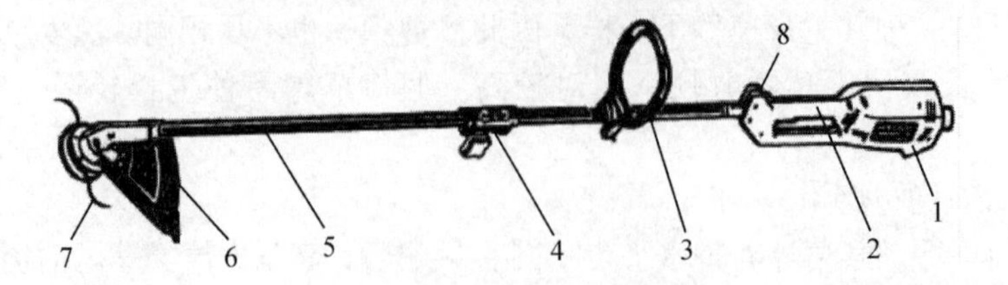

图 4-24 电动手持式剪草机

1. 电动机 2. 右把手 3. 环形把手 4. 插转锁扣 5. 机杆 6. 护罩 7. 尼龙绳切割件 8. 动力开关

图 4-25　手推式旋刀剪草机

1. 驱动控制手柄　2. 油门控制器　3. 下把手　4. 汽油机　5. 修剪高度调节手柄　6. 前轮　7. 台壳　8. 侧排草口　9. 后轮　10. 集草袋　11. 启动索手柄　12. 上把手

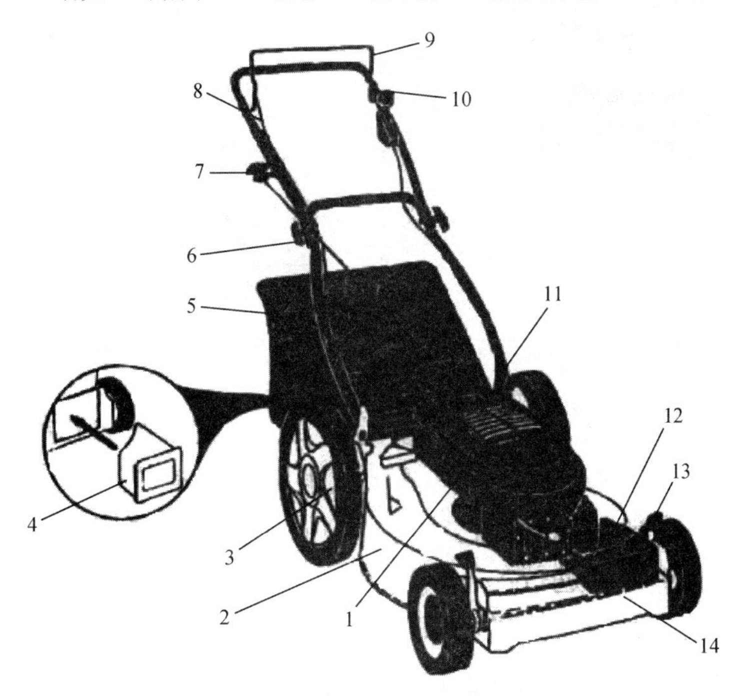

图 4-26　随进式旋刀草坪剪草机

1. 汽油机　2. 台壳　3. 后行走轮　4. 后排草口盖　5. 集草袋　6. 把手调节旋钮　7. 启动索手柄　8. 油门控制索　9. 操纵控制杆　10. 驱动控制手柄　11. 燃油箱　12. 传动系统护罩　13. 修剪高度调节手柄　14. 前护盖

图 4-27　坐骑式旋刀剪草机

1. 切割装置　2. 专用底盘　3. 坐骑　4. 发动机

图 4-28　步行操纵往复式剪草机　　**图 4-29　便携手持式剪草机**

4.4.4.2　剪草机的操作使用

选择不同功能的有代表性的草坪草各 1 ~ 2 种，每 2 人 1 组进行草坪定期修剪实习，每次修剪都从不同起点开始，不同方向进行，修剪纹路保持直线，修剪宽度保持一致，修剪后的草屑运出场外。修剪路线示意如图 4-30 所示。

(1)剪草前准备

①选择良好天气，避免雨后剪草，以防草皮太湿，堵塞机器。

②做好人身防护，穿长裤、最好戴上口罩及防护眼镜、穿上防滑高腰劳保鞋。

③作业前应清除草地上的石块、棍棒、铁丝等杂物，以免剪草时碰到杂物而打伤人和损坏机器。

④启动前，要检查刀片和发动机的安装螺丝是否拧紧；检查发动机是否需要加机油，但

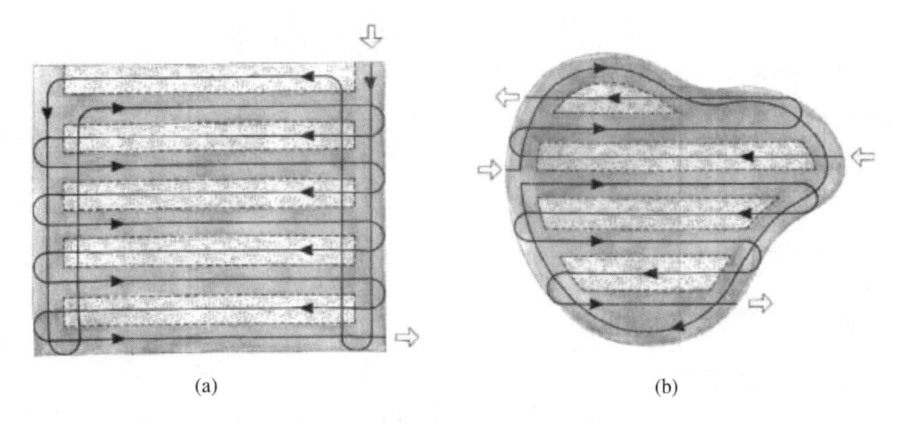

图 4-30　草坪修剪路线示意

(a)规则式修剪　(b)不规则式修剪

不要超过标准刻度位置；检查汽油是否足量。如机油太黑则需要更换，剪草机累计工作时间超出 250 小时必须更换机油。

⑤检查空气滤清器是否干净，若尘土过多则应及时清洗。

⑥按规定添加燃油，为避免火灾，不得将燃油加得过满，若油洒在机器表面，应擦净，若洒在地上，应挪走到一定距离后方可起动机器。

⑦启动前，应检查切割机构；防护装置和传动装置是否正常。检查剪草机的刀片，一旦发现刀片裂，刀口缺口或钝，应及时更换、磨利。

⑧带有离合器或紧急制动的切割装置，起动前应处于分离状态。

⑨草坪剪草机折叠把手，应在作业前锁紧，防止作业时意外松脱而失控。

(2)剪草机的操作

①先打开油门阀，然后将油门开关调至点火油门位置，抓紧油门线快速拉动，打火，启动后预热 2 分钟。当中途停机时不需要预热。

②操作时，手和脚不准靠近旋转部件。

③转移作业场地时，应使切割机构停止转动。

④发动机和切割机构停止运转前，不准检查和搬动剪草机。发动机运转时不要调节轮子的高度，一定要停机待刀片完全静止后，在水平面上进行调节。

⑤发动机不得超速运转。发动机过热时，应经怠速运转后才可停机，每隔一段时间让机器停下来休息，等稍冷却后再使用。

⑥停机检查和调整时，当心被排气管(消声器)烫伤。

⑦工作时应慢慢地推动剪草机向前走，行进速度不要过快；在倾斜的表面剪草时，首先要熟知剪草机的适用坡度，不要在太大坡度的斜面上剪草，不要又上又下地剪草，当改变方向时要十分注意，以免滑落摔倒，损伤手脚。同时保持空气滤清器一侧向上，防止机油进入空气滤清器和化油器。

⑧作业中，要经常注意剪草机有无异常现象，若有异常声音及零件松动等情况，应立即停机进行检修。

⑨刀片碰到石头或其他障碍物后，应立即停机，检查是否有零件损坏。

⑩剪草过程中随时注意草袋，发现装满 2/3 时，应立即停机，清除草屑后再开机。严禁

在未装草袋、调节剪草高度或清除排草通道的堵塞物的情况下启动及剪草。

⑪草坪过高时不得一次性将刀片调得太低，应逐次降低高度，逐次剪草。

⑫每次剪草完毕后要及时关闭油门，并彻底清洁空气滤清器等一次。

⑬检查刀片使用情况，如损坏严重，需进行30°角打磨。

4.5 草坪梳草、打孔、覆沙机械及其操作

4.5.1 草坪梳草机

4.5.1.1 草坪梳草机的种类

按照配套的动力和底盘结构可分为：步行操纵自走式草坪梳草机(图4-31)和牵引式草坪梳草机(图4-32)。

图4-31 步行操纵自走式草坪梳草机

图4-32 牵引式草坪梳草机

4.5.1.2 草坪梳草机的操作使用

①进行梳草作业前，仔细阅读机器的使用说明书，熟悉操作规程。

②检查各部分的装置是否能正常运作，若有零部件损坏，及时更换。同时检查燃油是否充足。

③穿戴专业的工作服，佩戴护目镜，做好个人安全防护。

④检查要作业的草坪，将石头、金属线、绳子和其他可能引起危险的物品清理掉。

⑤梳草机启动后，调节油门至最大。用右手压下扶手，让前轮翘起，然后用左手拉紧离合手柄，推动梳草机向前移动，同时慢慢将机器放在草坪上。

⑥步行操纵自走式草坪梳草机作业时，操作者调节好油门后，双手握紧扶手，将梳草机推进作业现场。发动机的动力通过传动机构一方面驱动行走地轮，另一面通过动力输出驱动梳草刀转动。操作者先调整好梳草宽度和刀片离地高度的技术数据后，即可手推梳草机边走边梳去草坪上枯萎的草茎和草叶。若将梳草刀更换成切根刀，切根刀可入地将枯萎的草根切断，以促进草的生长发育。

⑦不要将手脚靠近移动或旋转部件，不要在超过15°的斜坡上作业。

⑧尽量让发动机缸体散热片及调速器零件保持干净，无杂草及其他碎物，否则可能影响

发动机转速。

⑨为了草坪的整齐美观，在坡上要横向作业，而不要沿坡上下作业。

⑩梳草作业结束后，及时将机器清理干净，检查梳草刀具或钢丝耙齿的磨损情况，刀具如有损坏或磨损较严重时，应及时更换刀具。

4.5.2　草坪打孔机

4.5.2.1　草坪打孔机类型

草坪打孔机根据操纵形式一般分为：步行操纵自走式打孔机(图 4-33)和拖拉机悬挂式打孔机(图 4-34)。

图 4-33　步行操纵自走式打孔机

图 4-34　悬挂式草坪打孔机

4.5.2.2　草坪打孔机的操作使用

①进行草坪打孔工作前，操作人员必须仔细阅读打孔机的操作说明书，熟悉草坪打孔的技术规程。

②作业前，应对打孔机械的启动装置、传动装置、打孔刀具等部件进行仔细检查，如刀具或零部件有损坏应及时更换。同时检查机油、汽油是否足够。

③步行操纵式打孔机必须在地轮降下、刀辊升起、孔锥脱离地面的状态下启动发动机。开始作业时，要慢慢升起地轮、放下辊刀、双手握紧结合离合器杆，跟随打孔机前进。

④打孔机作业时不允许拐弯，拐弯时应拉起操纵手把，升起刀辊，对准作业行后，才能放下刀辊，握紧离合器杆，开始作业。

⑤配有镇压轮的打孔机加水时，一定要加满，否则水在圆柱筒子中晃动，会使机组前进作业时不稳定。

⑥装有配重块的机型，一般应在机架后部刀辊上方首先配重，需要全配重才能使前进作业稳定。

⑦空心管式刀具堵塞后，会降低作业质量，使打孔不整齐或挑土严重，应及时清除存在管中的土石。

⑧步行操纵式打孔机的打孔深度可通过调整地轮高度来实现。

⑨拖拉机悬挂式打孔机，在起步的同时缓慢放下打孔机，打孔机深度可通过高低调节手柄来控制。

4.5.3 草坪覆沙机

4.5.3.1 草坪覆沙机的种类

草坪覆沙机一般分为手扶自行式覆沙机(图4-35)、坐骑式覆沙机(图4-36)和牵引式覆沙机(图4-37)。

图4-35 手扶自行式覆沙机

图4-36 坐骑式草坪覆沙机

图4-37 牵引式草坪覆沙机

4.5.3.2 覆沙机的操作使用

①认真学习覆沙机的操作使用手册，掌握草坪覆沙的技术要领。

②检查设备的机油、水，查看油管线路是否有渗油等，汽油是否充足。检查启动装置、传动装置是否能正常运转，电路控制部分是否完好。

③调节覆沙过程中覆沙的厚度及机器行进的速度，确保覆沙均匀一致。

④选用的沙子应该粗细均匀，去掉沙中的石块等杂物。

⑤作业中保持机器直行，只有直行才能更好地衔接，避免重铺或漏铺，同时可减少对草坪的伤害。

⑥观察草坪的起伏状况，尽量选择比较平坦的路线进入，把铺沙厚度不均的现象降到最低。

⑦一般性覆沙，为改善地表平整度，草坪平滑度，减少草坪枯草层，覆沙厚度0.3 ~

0.4cm/次，约为3～4L/m^2。当为改良草坪的整个坪床结构进行覆沙作业时，可酌情加大覆沙厚度。

⑧当覆沙与打孔作业同时进行时，为了填充打出的洞孔，应增加覆沙量，覆沙厚度为0.4～0.6cm/次，约为4～6L/m^2。

⑨覆沙作业完成后，应对机器进行仔细清洗，并检查有无零部件磨损或损坏，如有损坏零件应及时更换坏，做好保养工作。

4.6　草坪质量评价

草坪质量是草坪在其生长和使用期内功能的综合表现。通过实习，使学生掌握草坪质量评价的基本方法，能根据草坪所承担的功能要求，从草坪外观、生态质量、使用质量等方面，选择对应的指标进行评价。

4.6.1　评价指标

4.6.1.1　草坪密度

(1)目测法

是以目测估计单位面积内草坪植物的数量，并人为划分一些密度等级，以此来对草坪密度进行分级或打分。草坪密度的目测打分多采用5分制，其中1表示极差，3表示中等，5表示优。

(2)实测法

记数法是记数一定面积样方内草坪植物的个体数。通常样方面积为10～50 cm^2，5次重复。密度实测值的表示方法有单位面积株数、茎数或叶数。在一般情况下，草坪密度多用单位面积枝条数来表示，分级指标见表4-5。

4.6.1.2　草坪质地

质地是反映草坪叶片的细腻与光滑的程度，是人们对草坪叶片喜爱的指标。手感光滑舒适，叶片细腻的草坪质地最佳；手感不光滑，叶片宽粗糙草坪质地最差。

叶片宽度多用最宽处的宽度来表示，要选叶龄与着生部位相同的叶片，重复次数要大于30次。按五级分制划分，具体见表4-5。

4.6.1.3　草坪盖度

盖度是与密度相关的指标，但密度不能完全反映个体分布状况，而盖度可以表示植物所占有的空间范围。盖度测定方法有目测法和方格网针刺法，分级指标见表4-5。

表4-5　草坪质量性状评定打分标准

草坪性状	级别(评分)				
	Ⅴ(<60)	Ⅳ(60～70)	Ⅲ(71～80)	Ⅱ(81～90)	Ⅰ(>90)
密度(枝数/cm^2)	<0.50	0.50～1.00	1.10～2.00	2.10～3.00	≥3.10
质地/叶宽(cm)	>0.50	0.41～0.50	0.31～0.40	0.21～0.30	≤0.20

（续）

草坪性状	级别（评分）				
	Ⅴ（<60）	Ⅳ（60～70）	Ⅲ（71～80）	Ⅱ（81～90）	Ⅰ（>90）
盖度	大面积地面裸露 85%～75%	部分地面裸露 90%～85%	零星地面裸露 95%～90%	枝条清晰可见 97.5%～95%	草坪成一整体 100%～97.5%
颜色	黄绿	浅绿/灰绿	中绿	深绿	蓝绿
均一性	杂乱	不均一	基本均一	整齐	很整齐

（1）目测法

制作一个面积为1 m^2的样框，用细绳分为100个10cm×10 cm的小格，测定时将木架放置在选定的样点上，目测计数草坪植物在每格中所占有的比例，然后将每格的观测值统计后，用百分数表示出草坪的盖度值。一般重复5～10次。

（2）针刺法

将上述具有100个小方格的样框置于草坪上，然后用针刺每一格，统计针触草坪植物的次数，两者的比值即为盖度，常以百分数表示。一般重复5～10次。

4.6.1.4 草坪颜色

草坪颜色是草坪植物反射日光后对人眼的颜色感觉。草坪草的颜色评价与个人喜好有关，一般情况下，大多数人更喜欢深绿色的草坪。测定时间最好选在阴天或早上进行。避免阳光太强造成的视觉误差。

（1）目测法

根据观测者的主观印象对草坪颜色给予评价打分。常采用五级分制，分级指标见表4-5。

（2）比色卡法

事先将由黄色到绿色的色泽范围内，以10%为梯度逐渐加深绿色，并以此制成比色卡，由观测者将被观察草坪的颜色同比色卡比较，从而确定草坪的颜色等级。

4.6.1.5 草坪均一性

草坪均一性是草坪外观均匀一致的程度，是对草坪颜色、生长高度、密度、组成成分、质地等几个项目整齐度的综合评价。

（1）样方法

样方面积多为直径10cm的样圆，随机取样30次，然后计算样方内不同类群的比例。

（2）目测法

一般采用五级分制进行打分，具体打分标准见表4-5。

4.6.2 实操要求

①每3～4人一组选取一块草坪样地进行质量评价，经过观察、打分、实测等方法，对各个草坪性状进行质量评价，填写质量评价调查表（表4-6）。

②在调查草坪质量时，每项指标安排3人同时进行打分，取3人分数的平均值作为该指标的测定值。

③根据表4-7指标权重系数，用各项指标的测定分数乘以对应的加权系数得到该指标的

加权分数，草坪各性状指标加权分数的算术和就是该草坪的质量评价最后总分数。

④根据每种草坪质量评价的总分数确定草坪质量评价等级，各个等级所对应的分数值范围见表 4-8。

表 4-6　草坪质量评价调查表

草坪位置：　　草坪面积：　　样方面积：　　建植日期：

调查项目	评价分数或调查结果	备注
草种组成		
密度（枝数/cm^2）		
质地（cm）		
色泽		
均一性		
盖度		
调查日期		

表 4-7　4 种草坪类型部分草坪质量评价指标的权重

草坪类别	密度	质地	叶色	均一性	盖度
观赏草坪	0. 20	0. 15	0. 20	0. 15	0. 10
游憩草坪	0. 10	0. 10	0. 10	0. 10	0. 10
运动场草坪	0. 10	0. 05	0. 10	0. 10	0. 05
水土保持草坪	0. 10	0. 05	0. 10	0. 10	0. 10

表 4-8　草坪质量等级标准

等　级	质量评价得分	质量评估等级
Ⅰ	100 ~ 90	优秀
Ⅱ	89 ~ 80	良好
Ⅲ	79 ~ 70	一般
Ⅳ	69 ~ 60	较差
Ⅴ	< 60	差

第5章 运动场草坪

5.1 参观调查高尔夫球场草坪

通过参观调查，使学生了解高尔夫球场草坪的布局、坪床结构及灌溉与排水系统。掌握高尔夫球场常用的草坪草种类型，熟悉和认识草坪上常用的建植养护机械设备。

5.1.1 高尔夫球场球洞击球场的基本结构

高尔夫球场的基本组成单位是球洞击球场(图5-1)，由发球区(台)开始，至果岭结束，中间的球道长130 ~500m，宽33 ~94m。球道可越过水池和沙坑等障碍物。具体形状和类型多种多样(图5-2、图5-3)。

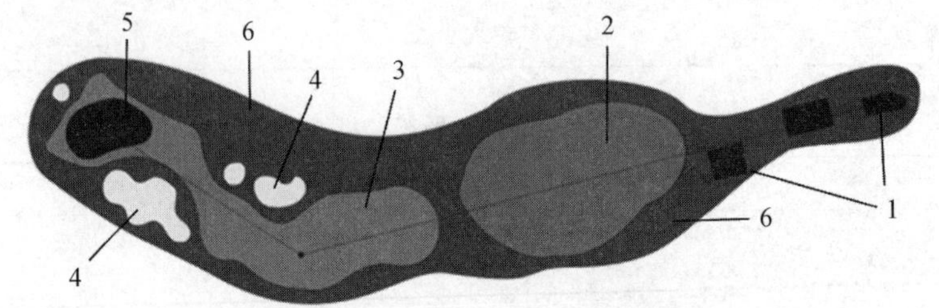

图5-1 一个球洞击球场的基本结构示意

1. 开球区 2. 水塘 3. 球道 4. 沙坑 5. 果岭 6. 高草区

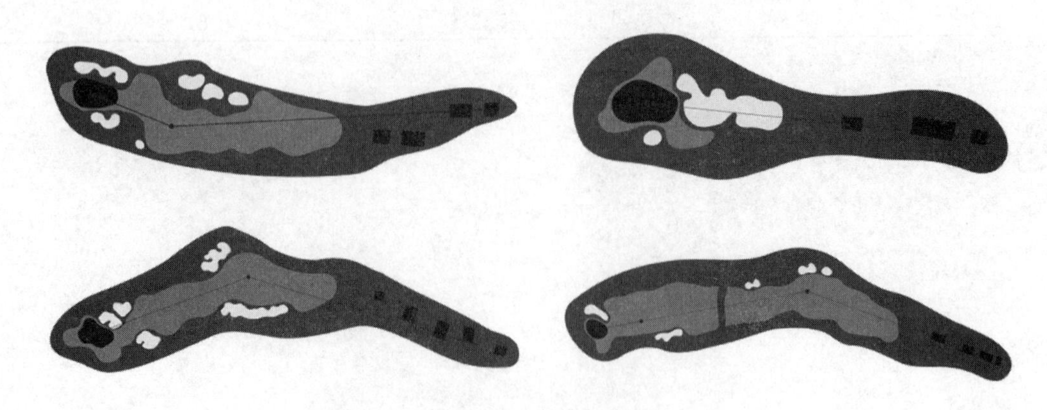

图5-2 多种无水塘的球洞击球场示意

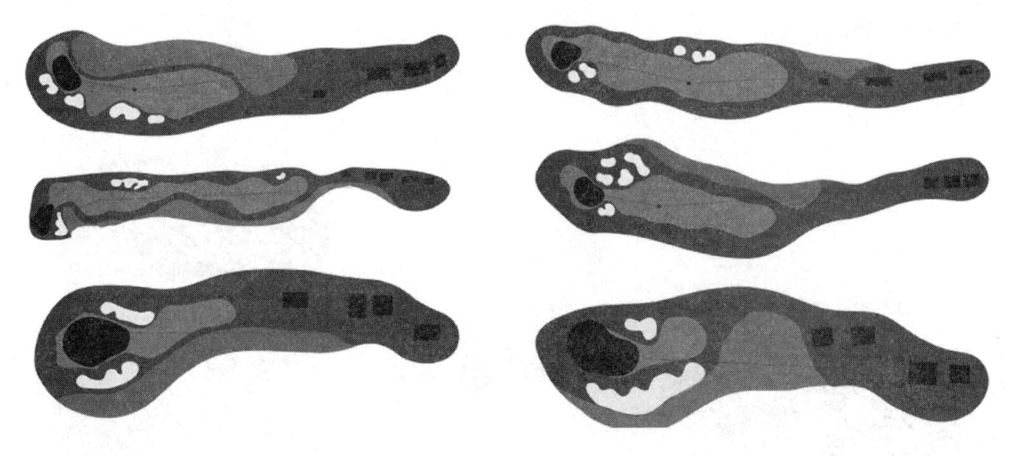

图 5-3　多种有水塘的球洞击球场示意

一个球洞击球场的草坪主要分为球洞区草坪[图 5-4(a)]、发球台草坪[图 5-4(b)]、球道区草坪及高草区草坪。

(a)　(b)

图 5-4　球洞区(a)及发球台草坪(b)

球洞区是高尔夫球场中最重要的组成部分，球洞区草坪质量好坏直接影响球场的品质和声誉。

发球台草坪是每一个球洞的出发处，击打损坏频率较高，要求具有快速恢复能力和耐磨能力，并能适应较低的修剪，可形成质地致密平坦，有弹性的草坪面。

球道区草坪建植要求比球洞区略低一点，但为保证在球道上击球能得到有效控制，球道草坪必须密实坚固。

高草区草坪是除球洞区、发球台和球道区以外的所有草坪区域，高草区剪草高度比其他区域要高，养护水平相对较低。

5.1.2　高尔夫球场的结构布局

①横向式：根据场地形状和范围大小，将球洞击球场呈近横向排列(图 5-5)。

②竖向式：根据场地形状和范围大小，将球洞击球场呈近竖向排列(图 5-6)。

③扇形或半圆式：若高尔夫球场选在海滨或大水库的半岛上，球洞布置可呈扇形展开(图 5-7)。扇形的中心修建球场的附属建筑物，扇形外围的海岸沙滩或湖岸沼泽地，要尽量改造成人工水池，使球场充满湖光山色，沙滩建成游泳场，使高尔夫球运动和游泳娱乐相结

合，成为一场两用或多用。

④周边式：在地形平坦的场地，可将附属建筑物集中在中心，球洞击球场以建筑物为中心在四周布局(图 5-8)。

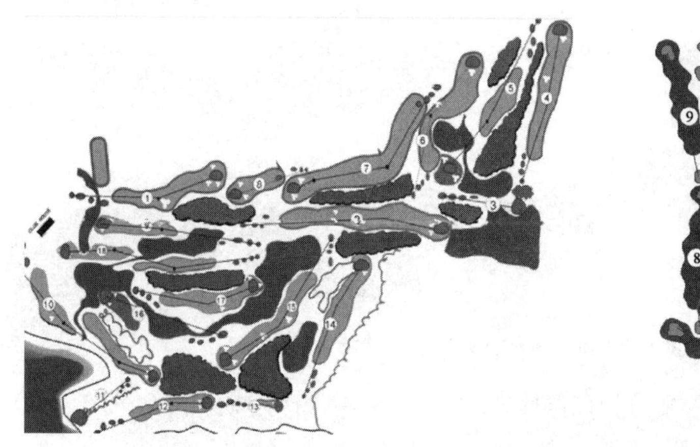

图 5-5　横向式　　　　图 5-6　竖向式

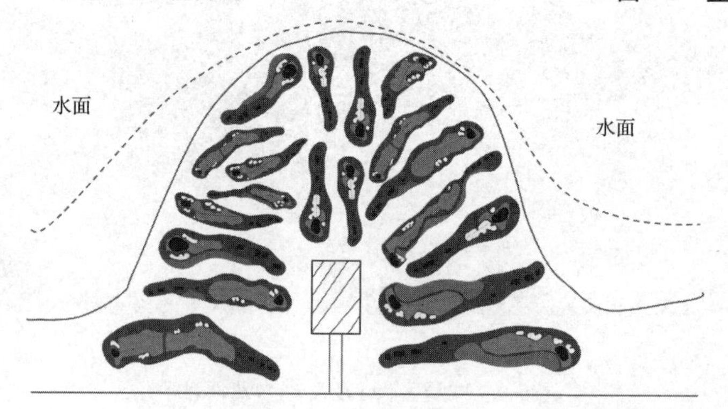

图 5-7　扇形或半圆式

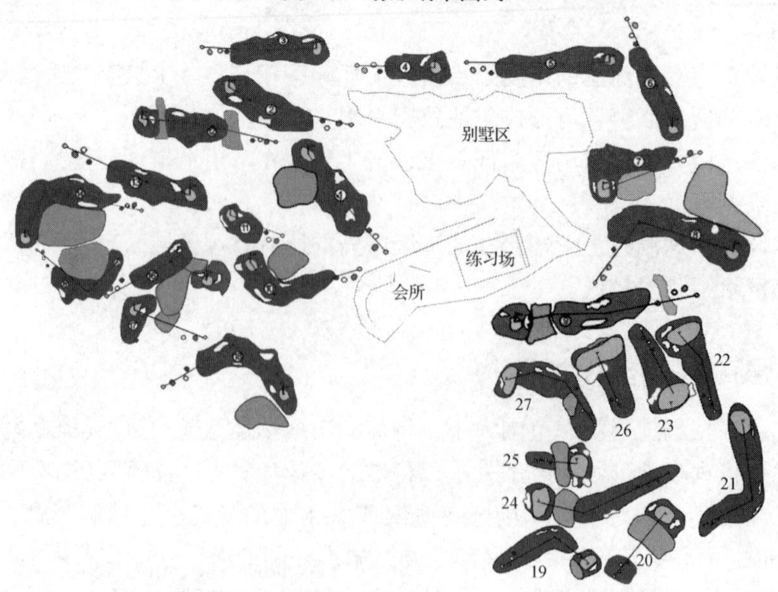

图 5-8　周边式

⑤自然式：依据自然地形，设计者精心设计的高尔夫球场布局(图 5-9 至图 5-13)。

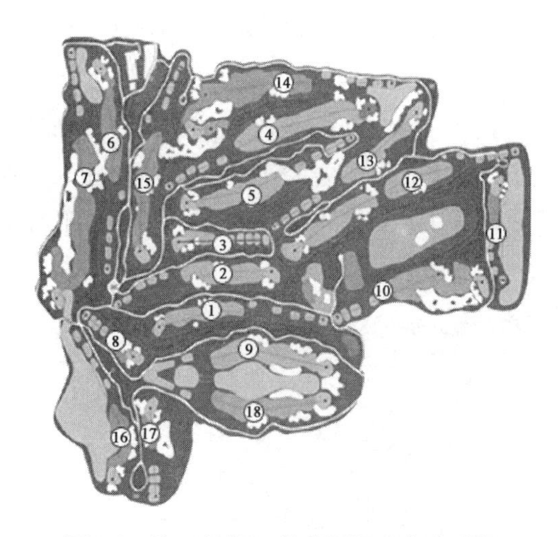

图 5-9　海口美视五月花国际高尔夫球场

图 5-10　广州仙村国际高尔夫球场

图 5-11　广州九龙湖高尔夫俱乐部

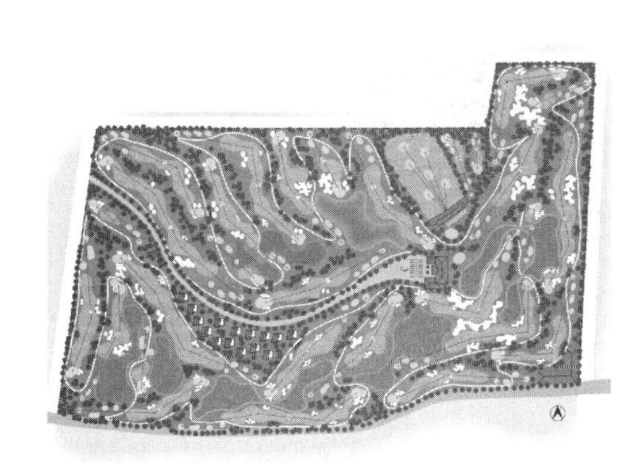

图 5-12 深圳市戴恩高尔夫管理有限公司

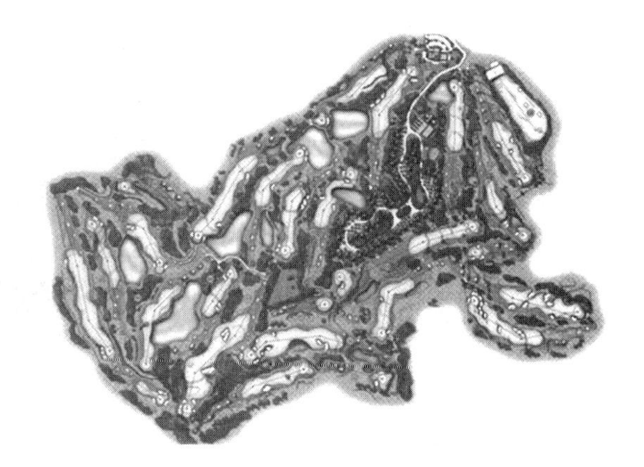

图 5-13　张家界高尔夫球场

5.1.3 高尔夫球场草坪坪床结构

5.1.3.1 果岭草坪的坪床结构

果岭草坪要保证高尔夫球在其表面平滑自然地滚动，坪面高度一致、密集无裸露地，对草坪质量要求相当高。因此，果岭草坪坪床的建植是一项非常重要的工程。目前，国际上通用的果岭坪床结构的建造方法是参照美国高尔夫球协会(USGA)推荐的方法。USGA 推荐的果岭草坪坪床构造示意如图 5-14 所示。

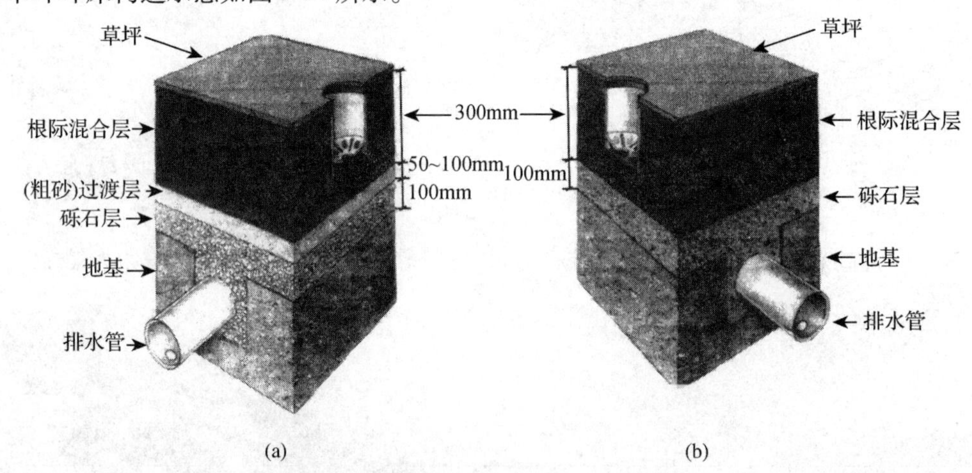

图 5-14 USGA 的果岭坪床结构示意

(a)USGA 果岭(粗砂层存在时) (b)USGA 果岭(当适宜的砾石被使用时，粗沙层可省略)

5.1.3.2 发球台草坪的坪床结构

发球台草坪也是高尔夫球场重要的草坪区域，其建造过程与果岭相似，但没有果岭建造要求那样严格。根据发球台的利用强度、建造成本等，发球台草坪坪床结构可分为如图 5-15 所示的 3 种类型。

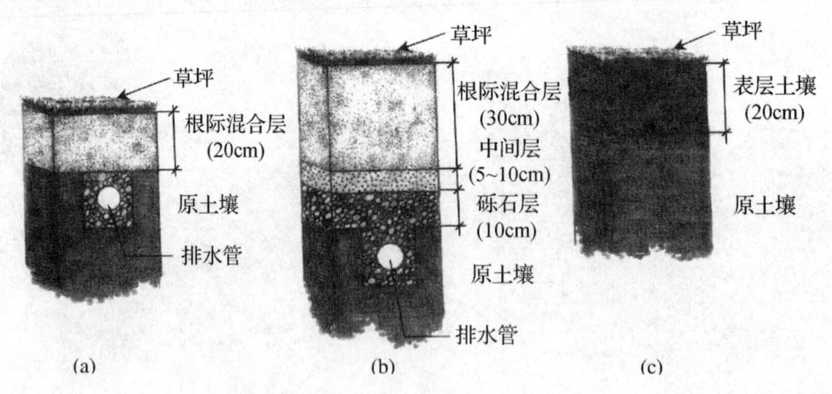

图 5-15 发球台坪床结构示意

5.1.4 高尔夫球场草坪草种的选择

5.1.4.1 果岭草坪草种

草种选择正确与否是果岭草坪高质持久的重要基础。适用于果岭的草种应具有如下特点：低矮、耐3mm的低剪、茎密度高、叶质地精细，叶片窄、均一、抗性强、耐践踏、恢复力强、无草丛。

南方地区高尔夫球场果岭草坪多选择杂交狗牙根(天堂草)系列草种，比如矮生天堂草(Tifdwarf)和天堂草328(Tifgreen)。同时，也有用海滨雀稗(夏威夷草)和杂交狗牙根——老鹰草(Tifeagle)作为果岭草种。

5.1.4.2　发球台草坪草种

发球台草坪草种选择范围比较广泛。暖季型草坪草种主要有：狗牙根、结缕草。结缕草中的Meyer、兰引Ⅲ号等，以及杂交狗牙根中的Tifway、Midway都是南方地区较常用的发球台草坪草种。

5.1.4.3　球道草坪草种

球道草坪是高尔夫球场草坪的主体，草坪面积大。南方地区适宜球道区种植的草坪草种包括：杂交狗牙根、普通狗牙根、海滨雀稗、沟叶结缕草和细叶结缕草等。

5.1.4.4　高草区草坪草种

高草区草坪管理相对粗放，适宜种植的草种也较多。南方地区高尔夫球场高草区草坪的草种主要包括：普通狗牙根、假俭草、地毯草、巴哈雀稗、钝叶草、结缕草、沟叶结缕草及野牛草等。

5.1.5　高尔夫球场草坪灌溉与排水系统

5.1.5.1　灌溉系统

高尔夫球场草坪的灌溉系统都采用喷灌。利用水泵加压将水通过压力管道输送，经喷头喷射到空中，形成细小的水滴，均匀喷洒到草坪上。喷灌系统组成示意如图5-16所示。

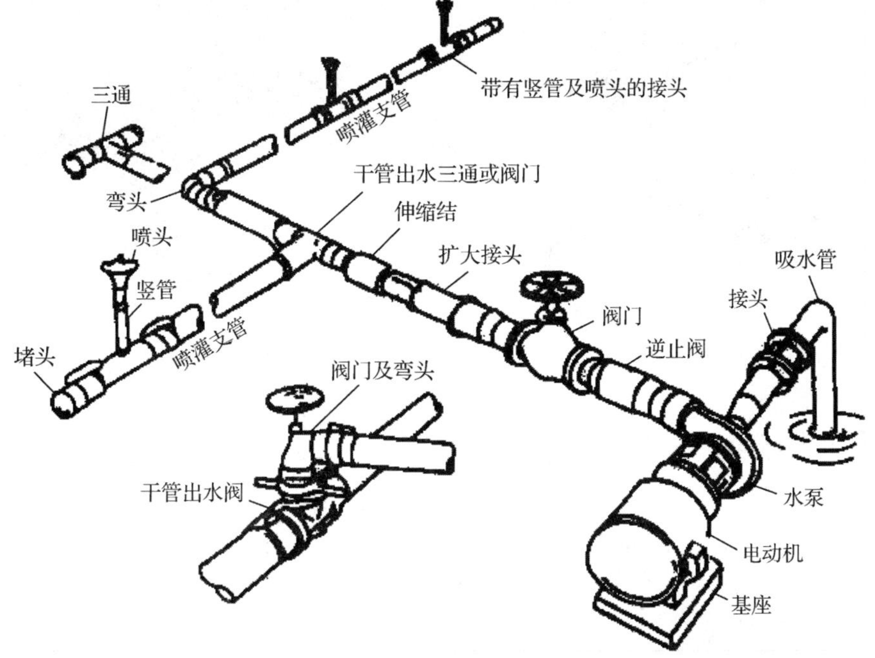

图5-16　高尔夫喷灌系统组成示意

5.1.5.2 排水系统

高尔夫球场草坪的排水系统主要指地下排水系统。地下排水系统包括雨水排水系统和渗水排水系统，其系统组成如图 5-17 所示。

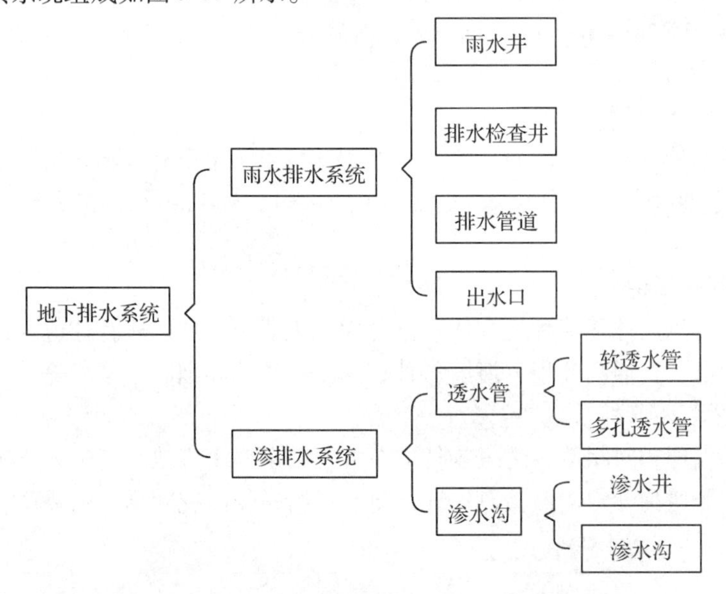

图 5-17　高尔夫球场草坪地下排水系统组成

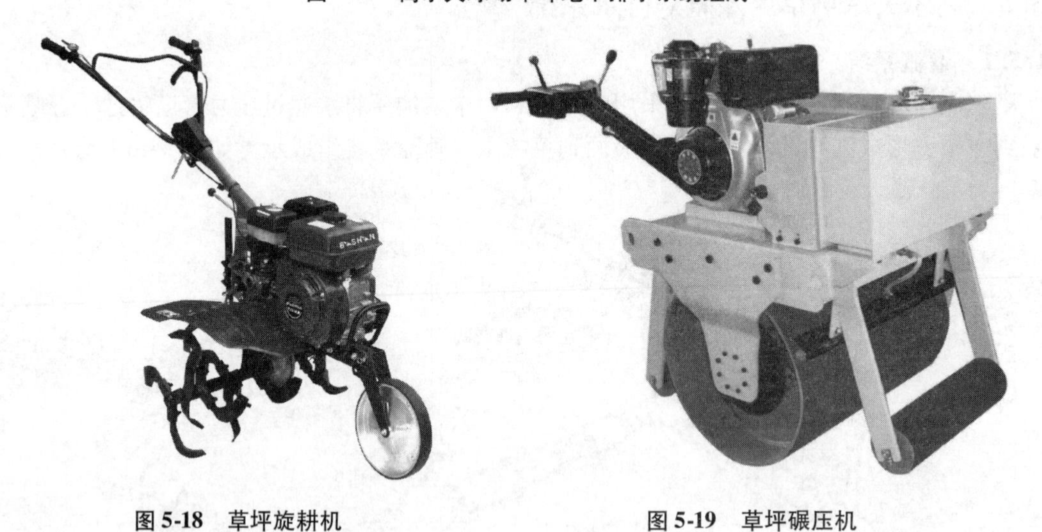

图 5-18　草坪旋耕机　　图 5-19　草坪碾压机

5.1.6 高尔夫球场草坪机械

高尔夫球场对草坪质量有严格要求，对草坪作业机械的功能有严格划分，机械的结构和作业精度有不同的等级，以适应不同区域如果岭、发球台、球道、高草区等建植养护作业要求。高尔夫球场草坪机械设备主要包括草坪建植机械和草坪养护机械。

5.1.6.1 草坪建植机械

草坪建植机械主要包括：草坪旋耕机(图 5-18)、草坪碾压机(图 5-19)、草坪喷播机(图 5-20)、草坪起草皮机(图 5-21)、草坪修边机(图 5-22)和草坪播种机等。

图 5-20　草坪喷播机

图 5-21　起草皮机

图 5-22　草坪修边机

5.1.6.2　草坪养护机械

草坪养护机械主要包括：草坪剪草机、草坪施肥机、草坪喷药机、草坪梳草机、草坪打孔机和草坪覆沙机等(详见第 4 章)。

果岭剪草机一般采用三联组坐骑式滚刀剪草机(图 5-23，美国迪尔公司的 2500B 型三联滚刀剪草机)或手扶自行式单组滚刀剪草机(图 5-24，美国迪尔公司的 220SL 型手扶自走式滚刀剪草机)。

发球台草坪剪草机常选用五或七组坐骑式滚刀剪草机(图 5-25，美国迪尔公司的 8500E 型五联滚刀剪草机)。

球道区草坪剪草机常采用 5 刀(图 5-26，美国迪尔公司的 8800 型五联旋刀剪草机)或 10 刀的旋刀剪草机，由拖拉机牵引或悬挂作业。

此外，高尔夫草坪机械还包括沙坑养护机械。沙坑养护机械基本都属于坐骑式或拖拉机牵引的沙犁、扇形耙等推沙、耙沙、平沙类机械。

图 5-23 果岭三联坐骑式滚刀剪草机

图 5-24 果岭手扶自行式滚刀剪草机

图 5-25 发球台五联坐骑式滚刀剪草机

图 5-26 球道区五联坐骑式旋刀剪草机

5.2 参观调查足球场草坪

通过参观调查，让学生了解足球场草坪的布局、坪床结构及灌溉与排水系统。掌握足球场常用的草坪草种类型，熟悉和认识草坪上常用的建植养护机械设备。

5.2.1 足球场草坪的布局

按照国际足球联合会的规定，足球场长度为 105m，宽度 68m，边线和端线外各有 2m 宽的草坪带，总面积为 72m × 109m，具体结构如图 5-27 所示。

5.2.2 足球场草坪坪床结构

足球场草坪坪床结构可分为 3 种，即自然基质坪床、半自然基质坪床和全人工基质坪床。足球场坪床结构没有一个统一的标准，主要根据当地气候、土壤条件及建造的经费等来设计坪床结构。目前常用的足球场坪床结构是带管道排水的坪床结构，如图 5-28 所示。

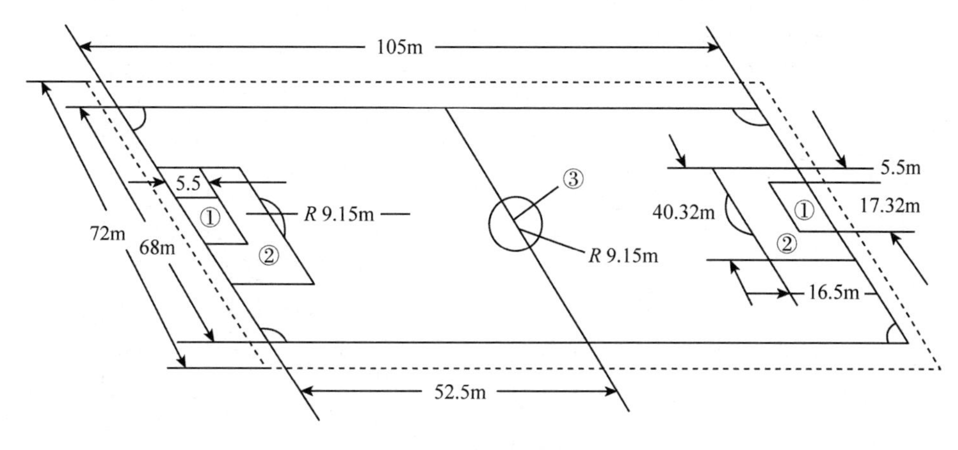

图 5-27　足球场地结构示意

①球门区　②罚球区　③中圈

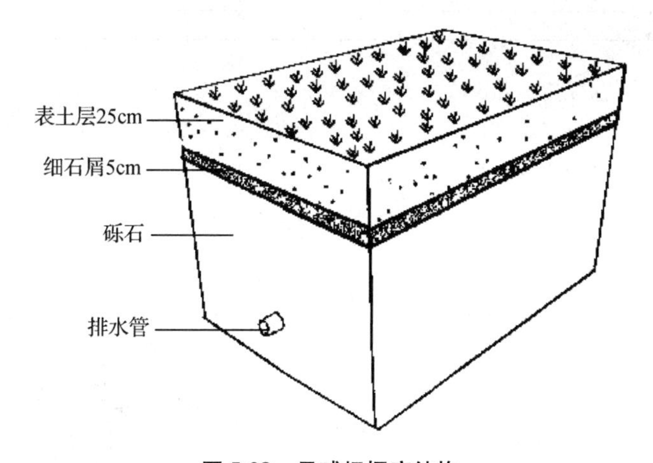

图 5-28　足球场坪床结构

5.2.3　足球场草坪草种选择

5.2.3.1　足球场草坪应具有的特点

① 耐践踏、耐磨损；② 生长迅速，恢复能力强；③ 茎叶密度高，草的颜色均一；④ 具有良好的弹性及回弹性。

5.2.3.2　适宜足球场种植的草种

南方温暖地区或热带地区足球场常用草种有狗牙根、假俭草、地毯草及结缕草。

5.2.4　足球场草坪的灌溉与排水系统

5.2.4.1　灌溉系统

足球场草坪的灌溉方式主要以喷灌为主，一般分为 3 种类型：地埋式自动升降喷灌系统、固定式地上喷灌系统及移动式喷灌系统。

5.2.4.2　足球场草坪喷灌方式

足球场草坪喷灌方式可分为：场外喷枪喷灌（图 5-29）、场内地埋式喷头喷灌（图 5-30）

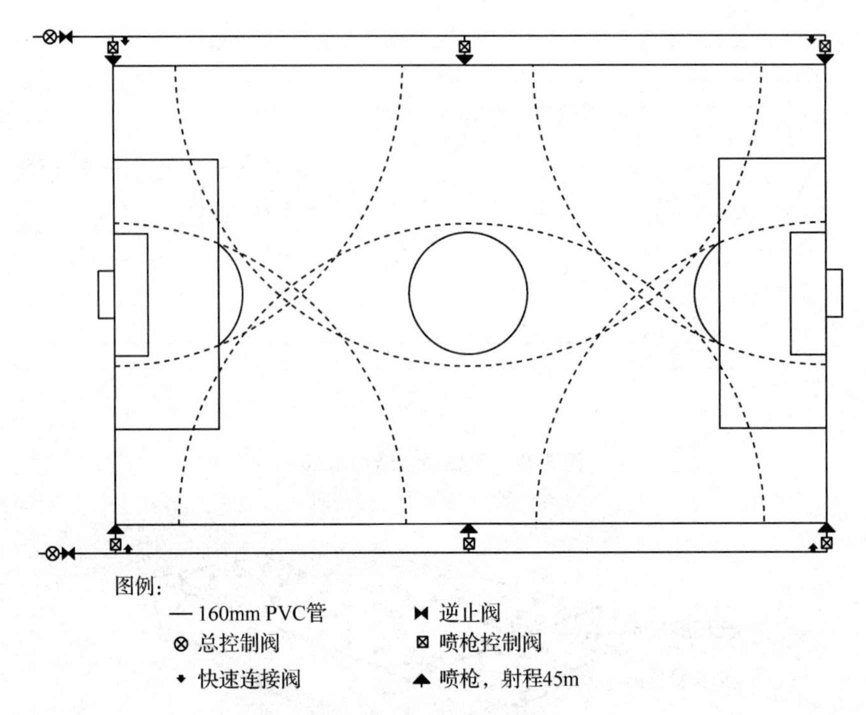

图 5-29 足球场草坪场外喷枪喷灌示意

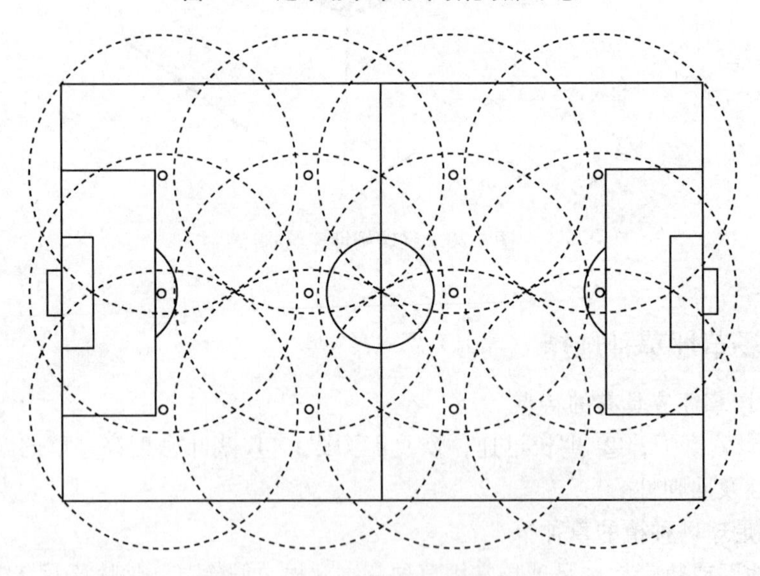

图 5-30 足球场草坪内部喷头喷灌示意

及场内外喷头组合喷灌(图 5-31)。

5.2.4.3 足球场草坪排水系统

足球场地的排水分为地表径流排水和地下渗透排水。

(1)地表径流排水

在足球场草坪外围做环形排水沟，以排除足球场地内的地表水。

(2)地下渗透排水

足球场草坪地下排水系统主要采用地下盲管进行排水，场地中排水盲管的布置结构如图

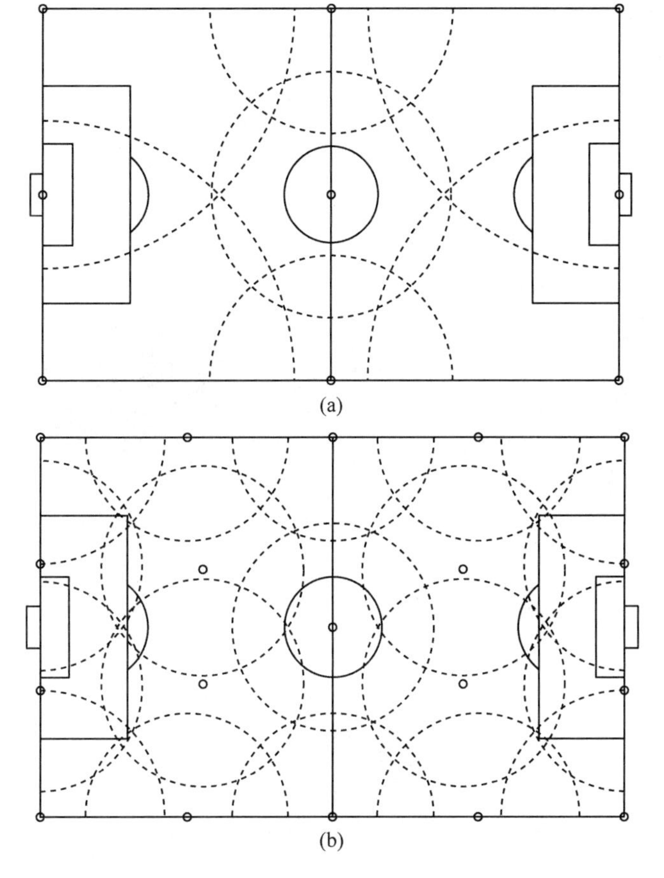

图5-31　足球场草坪内外喷头喷灌示意

(a)不同喷头组合　(b)相同喷头组合

5-32所示。排水管之间的间距一般是3～5m，能够同时向多个方向排水。排水管管内直径大约为110mm，排水量可达1 500mm/h，在降水量较大时可以满足排水量要求。

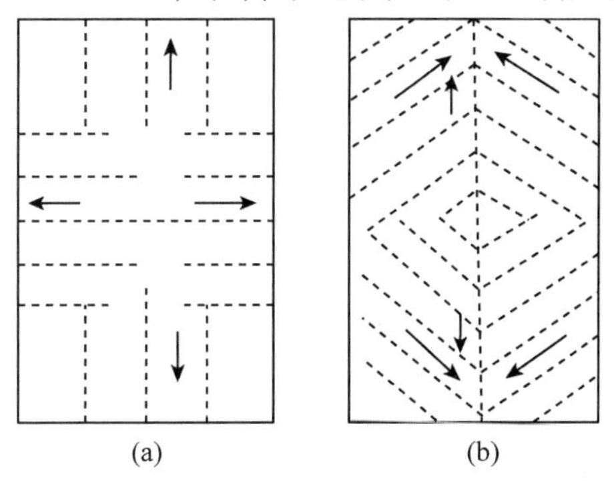

图5-32　足球场排水盲管布设示意

5.2.5　足球场草坪建植养护机械设备

足球场草坪上常用的机械主要包括草坪建植机械和养护机械。足球场草坪机械的种类、结构及操作使用详见第4章有关内容。

参考文献

陈传强．2002．草坪机械使用与维护手册[M]．北京：中国农业出版社．

陈封怀，吴德邻．1987．广东植物志(第一卷)[M]．广州：广东科学技术出版社．

陈封怀，吴德邻．1991．广东植物志(第二卷)[M]．广州：广东科学技术出版社．

陈志明．1999．南京地区草坪主要杂草初步调查[J]．草业科学，16(1)：68－70．

陈志明．2003．草坪建植与养护[M]．北京：中国林业出版社．

陈忠民．2009．园林机械维修速成图解[M]．南京：江苏科学技术出版社．

董三孝．2005．园林工程建设概论[M]．北京：化学工业出版社．

顾正平，沈瑞珍，刘毅．2002．园林绿化机械与设备[M]．北京：机械工业出版社．

韩烈保，田地，牟新待．1999．草坪建植与管理手册[M]．北京：中国林业出版社．

韩烈保．2004．高尔夫球场草坪[M]．北京：中国农业出版社．

韩烈保．2004．运动场草坪[M]．北京：中国农业出版社．

胡林，边秀举，阳新玲．2001．草坪科学与管理[M]．北京：中国农业大学出版社．

黄复瑞，刘祖祺．1999．现代草坪建植与管理技术[M]．北京：中国农业出版社．

黄璜，李科云．2006．草业技术手册[M]．长沙：湖南科学技术出版社．

黄云．2015．园艺植物保护学实验实习指导[M]．北京：中国农业出版社．

林正眉，陈俊莹，钟艳芬，等．2003．广州市地毯草草坪杂草发生情况调查[J]．杂草科学(4)：9－11．

林正眉，曾小贞，陈俊莹，等．2005．广州市区台湾草草坪杂草发生初报[J]．草业科学，22(12)：93-96．

林正眉，陈俊莹，林妙云，等．2004．广州市草坪杂草发生情况新报及防除措施研究[J]．草业科学，21(6)：68－72．

刘佳琦，曾影，夏莹，等．2016．利用观赏植物物候预测草坪杂草发生[J]．草地学报，24 (2)：400－408．

刘佳琦，李有涵，曾影，等．2014．沟叶结缕草草坪杂草群落的时空动态[J]．应用生态学报，25(2)：401－407．

刘金祥，陈款弟，罗凤冰，等．2001．边缘热带蔓花生草坪杂草种类调查及化学防除[J]．草原与草坪，31(5)：12－15．

刘金祥，纪汉文，孙智婷，等．2003．湛江市区草坪杂草现状与分析[J]．草原与草坪(2)：14－18．

刘卫斌．2003．园林工程[M]．北京：中国科学技术出版社．

刘毅，沈瑞珍，顾正平．2003．草坪与园林绿化机械选用手册[M]．北京：机械工业出版社．

刘永齐．2008．园林技术专业实训技能操作与考核标准[M]．北京：中国科学技术出版社．

龙瑞军．2004．草坪科学实习试验指导[M]．北京：中国农业出版社．

鲁朝辉，张少艾．2006. 草坪建植与养护[M]．重庆：重庆大学出版社．

吕文彦，翟凤艳．2012. 园林植物病虫害防治[M]．北京：中国农业科学技术出版社．

聂莉，何永福，何占祥．2008. 贵阳地区草坪杂草的调查及危害[J]．贵州农业科学，36(2)：81－82.

蒲桂林，陈军，朱凌玉，等．2011. 杭州下沙高教园区草坪杂草和昆虫种类调查报告[J]．杂草科学，29(3)：55－57.

强胜，李广英．2000. 南京市草坪夏季杂草分布特点及防除措施研究[J]．草业学报，9(1)：48－54.

商鸿生，王凤葵．1996. 草坪病虫害及其防治[M]．北京：中国农业出版社.

商鸿生，王凤葵．2002. 草坪病虫害识别与防治[M]．北京：金盾出版社.

沈瀚，秦贵．2009. 营林绿化机械[M]．北京：中国大地出版社．

首都绿化委员会办公室．2000. 草坪病虫害[M]．北京：中国林业出版社.

苏德荣．2004. 草坪灌溉与排水工程学[M]．北京：中国农业出版社．

孙吉雄．2006. 草坪技术手册：草坪工程[M]．北京：化学工业出版社．

孙吉雄．2011. 草坪工程学[M]. 2 版．北京：中国农业出版社．

孙江．2006. 园林专业技能实训与考核[M]．北京：中国农业出版社．

王春梅．2002. 草坪病虫害防治[M]．延吉：延边大学出版社.

王乃康，茅也冰，赵平．2001. 现代园林机械[M]．北京：中国林业出版社．

王四敏，吴彦奇，张新全，等．2001. 四川国际高尔夫球场草坪杂草及其化学防除研究[J]．草业科学，18(2)：39－42.

翁启勇，余德亿．2002. 草坪病虫草害[M]．福州：福建科学技术出版社.

吴德邻．1998. 广东植物志(第三卷)[M]．广州：广东科学技术出版社．

吴德邻．2000. 广东植物志(第四卷)[M]．广州：广东科学技术出版社．

吴德邻．2003. 广东植物志(第五卷)[M]．广州：广东科学技术出版社．

吴德邻．2005. 广东植物志(第六卷)[M]．广州：广东科学技术出版社．

吴德邻．2006. 广东植物志(第七卷)[M]．广州：广东科学技术出版社．

吴德邻．2007. 广东植物志(第八卷)[M]．广州：广东科学技术出版社．

吴德邻．2009. 广东植物志(第九卷)[M]．广州：广东科学技术出版社．

徐秉良．2006. 草坪技术手册[M]．北京：化学工业出版社．

徐凌彦．2016. 草坪建植与养护技术[M]．北京：化学工业出版社．

徐庆国，张巨明．2014. 草坪学[M]．北京：中国林业出版社．

薛光，马建霞．2003. 南方高尔夫球场草坪杂草防除的现状与对策[J]．草业科学，20(1)：65－71.

杨剑，卢昌义，于兴娜．2006. 深圳市草坪杂草发生季节变化及杂草群落聚类分析[J]．武汉植物学研究，24(6)：518－524.

杨秀珍，王兆龙．2010. 园林草坪与地被[M]．北京：中国林业出版社．

姚锁坤．2003. 草坪机械[M]．北京：中国农业出版社．

俞国胜，李敏，孙吉雄．1999. 草坪机械[M]．北京：中国林业出版社．

俞国胜．2004. 草坪养护机械[M]．北京：中国农业出版社．

岳茂峰，冯莉，杨彩宏，等．2009．珠三角地区四季草坪杂草群落组成及其生态位[J]．生态学杂志，28(12)：2483-2488.

张国安，周兴苗，谭永钦，等．2005．草坪害虫防治[M]．武汉：武汉大学出版社.

张君超．2008．园林工程技术专业综合实训指导书——园林工程养护管理[M]．北京：中国林业出版社.

张青文．1999．草坪虫害[M]．北京：中国林业出版社.

张志国，李德伟．2003．现代草坪管理学[M]．北京：中国林业出版社.

张自和，柴琦．2009．草坪学通论[M]．北京：科学出版社.

张祖新．1997．草坪病虫草害的发生及防治[M]．北京：中国农业科学技术出版社.

赵美琪．1999．草坪病害[M]．北京：中国林业出版社.

中国科学院中国植物志编辑委员会．1979．中国植物志，第二十五卷，第二分册[M]．北京：科学出版社.

中国科学院中国植物志编辑委员会．1980．中国植物志，第十四卷[M]．北京：科学出版社.

中国科学院中国植物志编辑委员会．1983．中国植物志，第七十六卷，第一分册[M]．北京：科学出版社.

中国科学院中国植物志编辑委员会．1987．中国植物志，第九卷，第三分册[M]．北京：科学出版社.

中国科学院中国植物志编辑委员会．1987．中国植物志，第七十八卷，第一分册[M]．北京：科学出版社.

中国科学院中国植物志编辑委员会．1987．中国植物志，第十五卷[M]．北京：科学出版社.

中国科学院中国植物志编辑委员会．1988．中国植物志，第二十五卷，第一分册[M]．北京：科学出版社.

中国科学院中国植物志编辑委员会．1988．中国植物志，第三十九卷[M]．北京：科学出版社.

中国科学院中国植物志编辑委员会．1988．中国植物志，第四十二卷，第二分册[M]．北京：科学出版社.

中国科学院中国植物志编辑委员会．1990．中国植物志，第十卷，第一分册[M]．北京：科学出版社.

中国科学院中国植物志编辑委员会．1994．中国植物志，第四十卷[M]．北京：科学出版社.

中国科学院中国植物志编辑委员会．1995．中国植物志，第四十一卷[M]．北京：科学出版社.

中国科学院中国植物志编辑委员会．1997．中国植物志，第十卷，第二分册[M]．北京：科学出版社.

中国科学院中国植物志编辑委员会．2000．中国植物志，第十二卷[M]．北京：科学出版社.

中国科学院中国植物志编辑委员会．2002．中国植物志，第九卷，第二分册[M]．北京：

科学出版社.

中国科学院中国植物志编辑委员会. 1993. 中国植物志，第四十二卷，第一分册[M]. 北京：科学出版社.

周兰胜，戴其根，张洪程，等. 2005. 扬州市区草坪杂草调查分析[J]. 江苏林业科技，32(2)：23-25.

周利民. 1996. 广州市区草坪杂草调查[J]. 草业科学，13(6)：42-48.

周武忠. 2002. 草坪建植与养护彩色图说/英国皇家园艺学会编辑[M]. 北京：中国农业出版社.

朱晶晶，强胜. 2001. 南京地区草坪夏季杂草聚类群特点及其防治[J]. 南京农业大学学报，24(4)：14-18.

Chen T, Zhu H, Chen J R, *et al.*. 2011. Flora of China(Volume 19)[OL]. http://www.eflora.cn/foc/pdf/Rubiaceae.pdf

Xie X M, Tang, W, Zhong P T, *et al.*. 2008. Analysis of spatial heterogeneity of the weed community in a manilagrass lawn using power-law[J]. Acta Hort, 783: 529-535.

Xie X M, Jian Y Z, Wen X N. 2009. Spatial and temporal dynamics of the weed community in a seashore paspalum turf[J]. Weed Science, 57(3): 248-255.

附　录

附图 I

A. 白粉病；B. 白绢病；C. 币斑病；D. 春季死斑病；E. 德氏霉叶枯病；
F. 腐霉枯萎病；G. 褐斑病；H. 黑粉病；I. 黑痣病

附图Ⅱ

J. 红丝病；K：灰斑病；L. 灰霉病；M. 壳二孢叶斑病；N. 壳针孢叶斑病；
O. 离蠕孢叶枯病；P. 镰刀枯萎病；Q. 梯牧草眼斑病；R. 铜斑病；S. 锈病